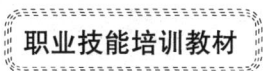

叉车工技能

劳动和社会保障部教材办公室组织编写

中国劳动社会保障出版社

图书在版编目(CIP)数据

叉车工技能/李庭斌主编. —北京：中国劳动社会保障出版社，2008

职业技能培训教材

ISBN 978-7-5045-7072-7

Ⅰ.叉… Ⅱ.李… Ⅲ.叉车-技术培训-教材 Ⅳ.TH242

中国版本图书馆 CIP 数据核字(2008)第 080070 号

中国劳动社会保障出版社出版发行

(北京市惠新东街 1 号 邮政编码：100029)

出 版 人：张梦欣

*

三河市华骏印务包装有限公司印刷装订 新华书店经销
850 毫米×1168 毫米 32 开本 7 印张 172 千字
2008 年 6 月第 1 版 2024 年 12 月第 29 次印刷

定价：14.00 元

营销中心电话：400-606-6496

出版社网址：http://www.class.com.cn

版权专有 侵权必究

如有印装差错，请与本社联系调换：(010)81211666
我社将与版权执法机关配合，大力打击盗印、销售和使用盗版图书活动，敬请广大读者协助举报，经查实将给予举报者奖励。

举报电话：(010)64954652

简介

本书为职业技能培训教材,由劳动社会保障部教材办公室组织编写。

随着我国叉车的应用日渐普及,叉车操作、维修队伍也逐步扩大。为了适应发展企业叉车装卸运输的需要,更好地开展叉车操作、维护人员的培训工作,培养具有一定专业技术水平的叉车操作、维护人员,特编写了本书。

本书内容涉及内燃叉车、电动叉车的基本构造,叉车作业人员安全操作、维护、故障诊断与排除所必须掌握的基本知识、操作和规范等。全书力求基本理论与实践紧密结合,突出重点,内容系统、完整、针对性强,文字准确、简练、通俗易懂,图文并茂,实用性强,可作为企业叉车作业人员操作与维护培训教材,也可供从事相关工作的人员学习参考。

本书由浙江公路技师学院李庭斌主编、叶良量主审。参加编写和提供帮助的还有浙江公路技师学院华洁、周才景,衢州市交通建设集团有限公司祝世清、镇江华晨华通工程机械有限公司李孝军、秦水,镇江港务局朱光明,山东交通建设集团有限公司任全刚等同志。

目录

单元一　叉车工基础 ……………………………………（1）

　模块一　认识叉车 ……………………………………（1）
　模块二　叉车工工作内容及要求 ……………………（17）
　习题 ……………………………………………………（19）

单元二　内燃叉车的构造 ………………………………（20）

　模块一　发动机 ………………………………………（20）
　模块二　传动系统 ……………………………………（41）
　模块三　行驶系统 ……………………………………（45）
　模块四　转向系统 ……………………………………（53）
　模块五　制动系统 ……………………………………（58）
　模块六　工作装置 ……………………………………（62）
　模块七　液压装置 ……………………………………（70）
　模块八　电气系统 ……………………………………（73）
　习题 ……………………………………………………（80）

单元三　内燃叉车的操作技术 …………………………（81）

　模块一　安全操作规程 ………………………………（81）
　模块二　操纵机构和仪表 ……………………………（85）
　模块三　叉车的基本操作 ……………………………（88）
　模块四　厂区道路基本知识 …………………………（112）
　模块五　叉车作业及注意事项 ………………………（116）
　习题 ……………………………………………………（123）

· I ·

单元四　内燃叉车的维护 …… (124)

模块一　叉车的维护制度 …… (124)

模块二　叉车维护的项目及内容 …… (128)

模块三　叉车的用油及润滑 …… (132)

习题 …… (141)

单元五　内燃叉车故障 …… (142)

模块一　故障分析 …… (142)

模块二　故障诊断 …… (144)

模块三　故障预防 …… (150)

模块四　故障举例 …… (153)

习题 …… (161)

单元六　电动叉车的构造 …… (162)

模块一　电动叉车概述 …… (162)

模块二　动力型蓄电池 …… (167)

模块三　直流电动机 …… (169)

模块四　电动叉车传动系统 …… (184)

习题 …… (186)

单元七　电动叉车的操作技术 …… (187)

模块一　安全操作规程 …… (187)

模块二　电动叉车的基本操作 …… (190)

模块三　电动叉车作业及注意事项 …… (193)

习题 …… (198)

单元八 电动叉车的维护 ……………………………(199)

  模块一 叉车的维护制度 ……………………………(199)
  模块二 叉车维护的项目及内容 ……………………(199)
  模块三 叉车的用油及润滑 …………………………(204)
  习题 …………………………………………………(210)

单元九 电动叉车故障 ………………………………(211)

  模块一 动力型蓄电池的故障 ………………………(211)
  模块二 直流电动机的故障 …………………………(213)
  习题 …………………………………………………(215)

参考文献 ………………………………………………(216)

单元一　叉车工基础

模块一　认识叉车

一、叉车的发展与现状

叉车又称铲车或万能装卸机,是一种通用的起重、运输、装卸和堆垛车辆,被广泛应用于铁路、港口、仓库、工厂、机场等场所。叉车最早出现在 1910 年,当时只是在车站上使用的一种经过简易改装的车辆;1928 年美国研制出电动叉车,1935 年后出现内燃叉车。第二次世界大战期间,大量使用叉车对军用物资进行搬运、储存,叉车也因此得到迅速发展。目前,世界各国都在大力发展各类叉车,最大起重量已达 80 t,而最小的只有 0.25 t。随着叉车属具的多样化、托盘和集装箱的广泛使用,以及物流业的蓬勃发展,叉车的使用范围越来越广泛。

我国叉车制造业是新中国成立后逐渐形成的。20 世纪 50 年代初开始仿造国外同类产品;20 世纪 60 年代后得到较快发展,并能生产几个品种的蓄电池叉车与内燃叉车;20 世纪 80 年代,我国已能生产起重量 0.5~10 t 的内燃叉车和 0.5~2 t 的蓄电池叉车。截至目前,我国已能生产 0.5~42 t 系列的内燃叉车,以及 0.5~10 t 的蓄电池叉车,生产厂家多达数十家。其中年生产能力在万台以上的叉车厂有杭州叉车股份有限公司、安徽叉车集团公司、厦门叉车有限公司等企业,他们在叉车的设计水平、外观造型和整机性能上,都已接近或达到国外同类产品的水平。除满足国内市场的需求外,部分叉车产品还能出口到国外。

二、叉车的类型

叉车种类繁多，分类方法也很多，通常可按动力装置、结构特点和用途分类。

1. 按动力装置分

(1) 内燃动力叉车。以内燃机为动力提供作业所需能量。它又可分为以汽油、柴油、液化石油气、双燃料（汽油/液化石油气或柴油/液化石油气）为动力的叉车。

(2) 电动叉车（又称蓄电池叉车或电瓶叉车）。以蓄电池供给能量，直流电动机驱动。

(3) 双动力叉车。主要有内燃式/电动式叉车。

(4) 步行操纵式叉车。靠人的体能进行作业。

2. 按结构特点分

(1) 前叉式叉车。其特点是货叉朝向叉车的前方。该类叉车按其保持稳定的方法又可分为：

1) 平衡重式叉车。如图1—1所示，其货叉伸出在叉车前轮的前方，为消除货叉上的货物质量产生的翻倾力矩，保持叉车的纵向稳定性，在车体后部装有平衡重块。该类叉车由于适应性强，已成为叉车中应用最广的一种，约占叉车总数的80%以上。

图1—1 平衡重式叉车

2）插腿式叉车。如图 1—2 所示，该类叉车的特点是支撑在很小的车轮上的两条支腿伸出在叉车前面，两支腿高度很小，有时可插入托盘底部，然后再经货叉升起重物。由于货物重心位于前后车轮所决定的平面内，因此能保证叉车的稳定性，不用另加平衡重。

插腿式叉车的两前轮直径很小，承载能力不大，因此该类叉车起升质量较小，一般小于 2 t。它的优点是纵向尺寸小，转弯半径小，能在通道狭窄的船舱、仓库内作业。其运行速度较低，且多采用电力驱动和人力推动。

3）前移式叉车。如图 1—3 所示，该类叉车也有两条前伸的支腿，不过两前轮较大，支腿较高。叉取货物时，支腿不插入托盘下面，而是货叉和门架一起前移，插入托盘或货物底下，起升至货叉高出支腿时货叉带着货物与门架一起后退，使货物重心位于前后车轮所决定的平面内，再行搬运。因此，叉车行驶稳定性很好，但其结构较复杂。

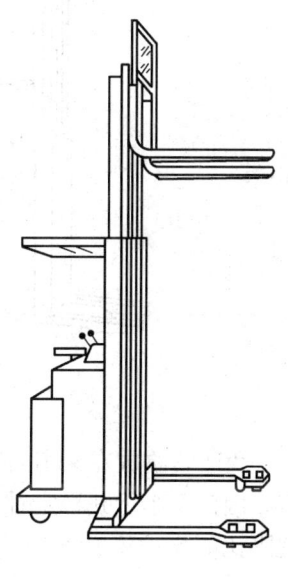

图 1—2 插腿式叉车

（2）侧叉式叉车。如图 1—4 所示，其门架、货叉及起升机构设置在叉车车体侧面的 U 字形槽内，三者均可沿横向导轨向侧面移动，货叉可上、下升降。为抵抗起重时货物引起的倾翻力矩，在车体 U 字形开口两侧装有两个液压支腿，叉取货物时，液压支腿放下着地，货叉伸出并取货后，货叉升起至高于货台时，门架退回，将货物置于叉车货台上，然后收起液压支腿，叉车即可行走。该类叉车可用于装卸、搬运长件货物，如型钢、木材等。

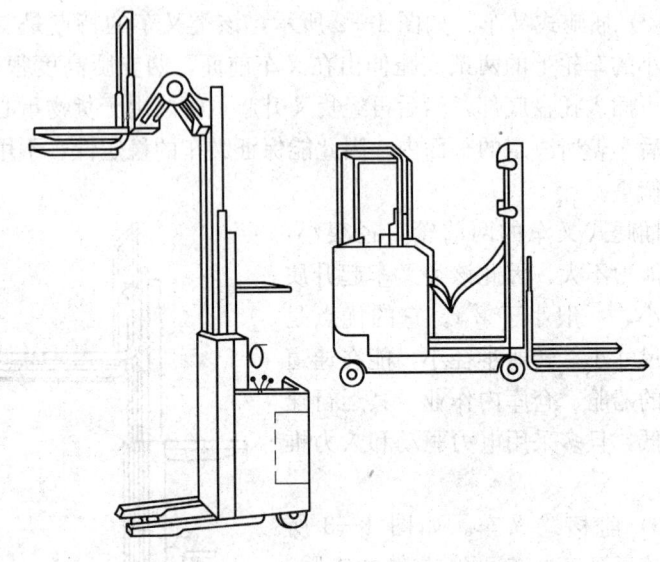

图 1—3 前移式叉车

由于货物放在叉车的纵向位置，货物重心处于前、后车轮之间，因此叉车行驶稳定性好，速度高（30 km/h），而且驾驶员视野比前叉式叉车好。

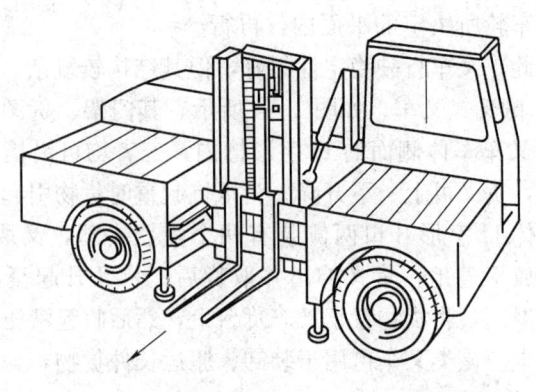

图 1—4 侧面式叉车

(3) 集装箱叉车。如图1—5所示,它分为前叉式、侧叉式和顶吊架式3种,专用于集装箱的装卸搬运。装卸10 t以下的小型集装箱时,这类叉车的货叉直接插入集装箱底板的叉孔内即可装卸。装卸大型集装箱时,叉车的滑架上装有专用的集装箱顶吊架,滑架起升时,靠顶吊架装卸集装箱。我国合肥叉车总厂制造的CPC20型即为前叉集装箱叉车,日本丰田FDA150、FDA200及FDA250型叉车配以集装箱工作属具E10CS6和E10CS7,也为集装箱叉车。

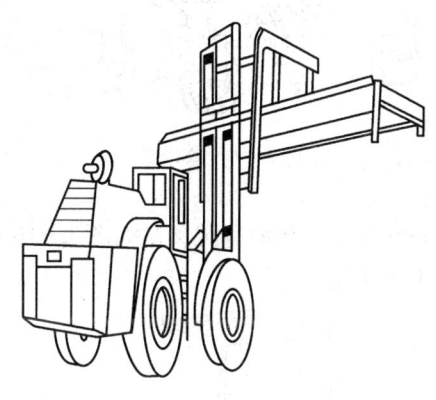

图1—5 集装箱叉车

(4) 跨运车。如图1—6所示,它也是叉车的一种,是一种高架式叉车。跨运车呈门字形,可以跨越在货物之上。货叉位于两边门腿的内侧,叉尖指向内部。当取货时,车体跨越在货物之上,货叉借助液压油缸由两边向内夹拢、提升、运输。跨运车主要用来对长、大笨重件和集装箱进行装卸搬运和堆码作业。跨运车分为通用跨运车、集装箱跨运车、龙门跨运车等多种。

跨运车的重心较高,稳定性差,在路况不好进行作业时,易倾翻。

(5) 其他叉车。拣选式叉车如图1—7所示,越野式叉车如

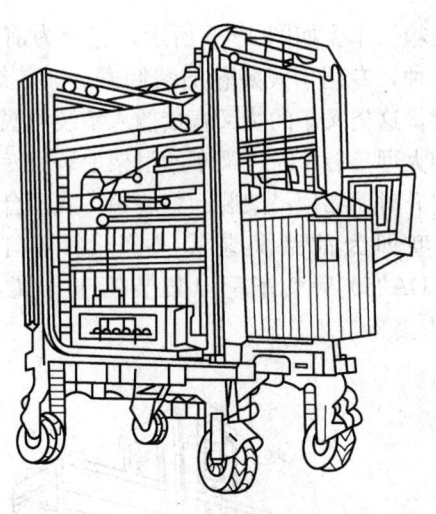

图1—6 跨运车

图1—8和图1—9所示，伸缩臂式叉车如图1—10所示，随车携行式叉车如图1—11所示。

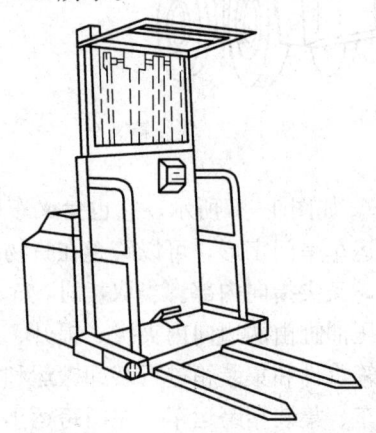

图1—7 拣选式叉车

此外，叉车按用途又可分为普通叉车和特种叉车。一般除平衡重式叉车以外的各类叉车，统称为特种叉车。

图1—8 越野式叉车

图1—9 越野式叉车

三、叉车的型号

1. 叉车的型号编制规则

目前国内叉车的型号按叉车动力种类、起升质量、传动形式、结构形式等来表示。型号编制规则如下：

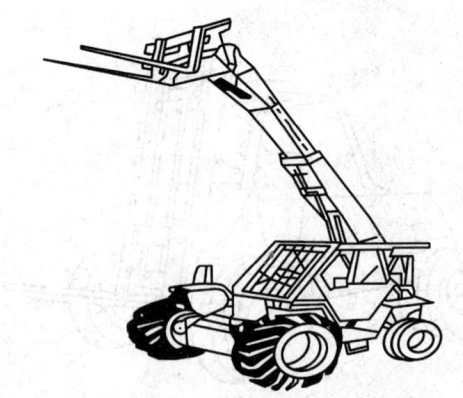

图 1—10 伸缩臂式叉车

图 1—11 随车携行式叉车

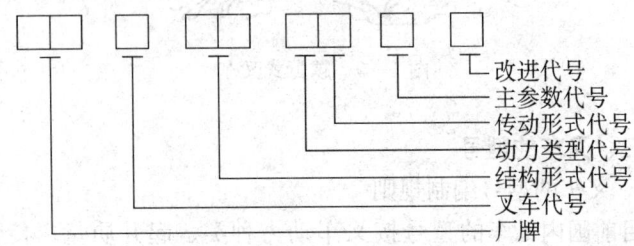

(1) 厂牌。有的企业用两个汉语拼音字母表示,有的用两个

汉字表示。厂牌由厂家自定。

（2）改进代号。按汉语拼音字母顺序表示。

（3）主参数代号。以额定起升质量(t)乘以10表示，原机械工业部部颁标准起升质量不乘以10。

（4）传动形式代号。机械传动不标字母，动液传动标字母D，静液传动标字母J。

（5）动力类型代号。汽油机标字母Q，柴油机标字母C，液态石油气机标字母Y，蓄电池标字母D。

（6）结构形式代号。P表示平衡重式，C表示侧叉式，Q表示前移式，B表示低起升高度插腿式，T表示插入插腿式，Z表示跨入插腿式，X表示集装箱叉车，K表示通用跨运车，KX表示集装箱跨运车，KM表示龙门跨运车。

2. 举例

（1）CPQ10B——表示平衡重式叉车，以汽油发动机为动力源、机械传动、额定起升质量1 t、同类同级叉车第二次改进。

（2）CPCD160A——表示平衡重式叉车，以柴油发动机为动力源、动液传动、额定起升质量为16 t、同类同级叉车第一次改进。

（3）CCCD100——表示侧叉式叉车，柴油发动机为动力源、动液传动、额定起升质量为10 t、基本型。

四、叉车的主要技术参数

叉车的技术参数是用来反映叉车的结构特征和工作性能的。叉车的技术参数包括性能参数、尺寸参数及质量参数。

叉车的性能参数有：最大起升高度、载荷中心距、门架倾角、满载最大起升速度、满载最大运行速度、牵引力、满载爬坡度、最小转弯半径、直角堆垛的最小通道宽度、90°交叉通道宽度等。

叉车的尺寸参数有：最小离地间隙、轴距、前后轮距、外廓尺寸等。

叉车的质量参数有：额定起升质量、整备质量、轴负荷等。

在以上参数中，额定起升质量，最大起升高度等10多个参数为叉车的主要技术参数，下面介绍各参数的含义。

1. 额定起升质量 m

它是指用货叉起升货物时，货物重心至货叉垂直段前壁的距离不大于载荷中心距时，允许起升货物的最大质量。

如货物体积庞大或货物在托盘上的位置不当，致使其重心超出规定的载荷中心距时，叉车的稳定性会因此而变差。此时，必须相应减少起升质量。

叉车的选用应按照本部门所需要装卸和搬运的货物质量，参考我国原机械工业部制定的《叉车基本形式和起升质量系列》标准选择合适的起升质量。额定起升质量系列为 0.5 t、(0.75 t)、1.0 t、(1.5 t)、2.0 t、3.0 t、(4.0 t)、5.0 t、(8.0 t)、10 t、(12 t)、(15 t)、16 t、(20 t)、25 t、32 t、40 t 等。如果要求的起升质量与标准中的额定起升质量不一致时，可选用相近而又偏高一级的值，以保证叉车安全可靠地作业。

2. 载荷中心距 C

它是指在货叉上放置标准质量的货物、确保叉车纵向稳定时，其重心至货叉垂直段前壁间的水平距离。在实际作业时，货物重心与其体积、形状及在货叉上的放置位置等多种因素有关。因此，很难保证货物位置不变。为了便于评价和选用叉车，按不同的额定起升质量，规定了相应的 C 值。

3. 最大起升高度 H_{max}

它是指叉车在平坦坚实的地面上，满载、轮胎气压正常、架直立，货物升至最高时，货叉水平段的上表面至地面的垂直距离。

叉车的最大起升高度，根据货物装卸搬运的具体需要而定。如无特殊要求，应符合叉车的标准规定。在采用两节门架的叉车上，我国各吨位的叉车最大起升高度大多为 3 m。

增加门架和起升油缸的长度，或者采用三节门架和多级油缸，可以增加叉车的最大起升高度，但这不仅使叉车外形尺寸增大、整备质量增加，而且会使叉车的纵向倾翻力矩增大，稳定性降低。因此，当叉车起升高度超出规定值时，必须相应减小叉车的允许起升质量。

4. 门架倾角

它是指无载叉车在平坦、坚实的地面上，门架相对于其垂直位置向前和向后倾斜的最大角度。

5. 最大起升速度 v_{hmax}

通常指叉车在坚实的地面上满载时，货物举升的最大速度。

叉车的最大起升速度，直接影响叉车的作业效率，提高叉车的起升速度是国内外叉车制造业技术改进的共同趋势。目前，国外内燃叉车的起升速度已达 40 m/min。起升速度的提高，对液压元件提出较高的要求，否则元件易损坏，而给叉车的安全作业带来麻烦。一般大起升质量的叉车的最大起升速度小于中、小吨位的叉车，同等起升质量的电动叉车的最大起升速度，低于内燃叉车，主要是受蓄电池容量和电动机功率的限制。

货物下降速度一般都大于起升速度。

6. 最大运行速度 v_{amax}

一般指叉车满载时，在干燥、平坦、坚实的地面上行驶时的最大速度。

叉车主要用于装卸和短途搬运作业，而不是用于货运。所以，在运距为 100～200 m 时，叉车能发挥出最高效率；而运距超过 500 m 时，则不宜采用叉车搬运。不恰当地提高叉车运行速度，不仅需要增大原动机功率，使经济性降低，而且作业时，一方面要受狭窄装卸通道的限制，另一方面要保持货物完整无损，因此，即使有过高的速度，也难以得到发挥。我国叉车系列标准中，电动叉车最高车速一般为 13 km/h；内燃叉车为 20 km/h，最高不超过 28 km/h。

叉车作业时，倒退行驶的机会与前进行驶的机会基本均衡，因此，叉车比汽车要求有较多的倒挡和较大的倒车速度。

7. 满载最大爬坡度 i_{max}

指叉车满载时，在干燥、坚实的路面上，以低速挡等速行驶所能爬越的最大坡度，以角度或百分数表示。满载行驶的最大爬坡度，一般由原动机的最大转矩和低速挡的总传动比决定。选用叉车时，其最大爬坡度应满足叉车作业的具体要求，该值应不小于进出场地的最大坡角。国产叉车标准中，给出了满载最大爬坡度。

8. 最小外侧转弯半径 R_{min}

一般是指叉车在无载低速转弯行驶，转向轮处于最大转角时，车体最外侧至转向中心的最小距离。叉车的最小外侧转弯半径是决定叉车机动性的主要参数。距转向中心最远处，通常是叉车尾部（平衡重处）。在货叉加长时，也可能是货叉叉尖处。

影响叉车最小外侧转弯半径的因素，除叉车的轮距、轴距、转向轮的最大转角外，还有叉车的外形尺寸、尾部形状、转向轮直径及叉车的支撑形式。因此，有些叉车的车身较短，尾部做成以转向中心为圆心的弧形，或接近圆弧的折线形；在满足使用条件、保证车轮必要的支撑能力前提下，尽量选用较小直径的轮胎，以减小叉车的转弯半径。因为增大转向轮直径，为使车轮转向偏转时不致与车体相碰，必须加大主销中心距，或减小车轮偏转角，其结果都会使最小外侧转弯半径增加。三点支撑的叉车，转向轮具有较大的偏转角（接近或等于90°），其最小外侧转弯半径比四点支撑式叉车小。

9. 最小离地间隙 h_{min}

指车体最低点与地面的间隙。它是表征叉车在满载低速行驶时通过性的主要参数。叉车车体最低点可能在门架底部、前桥中部、后桥中部、平衡重下部。车轮半径增加，可使离地间隙增加，但又会使叉车的重心提高，转弯半径增大，对叉车的稳定性、机动性改善是不利的。我国叉车标准中，给出了最小离地间隙。

10. 外形尺寸

指叉车的总长，总宽和总高。货叉尖端至车体最后部的水平距离为总长；车体两侧最外部之间的横向距离为总宽；门架垂直、货叉落至最低位置时，车体最上端至地面的垂直高度为总高。为使叉车有较好的机动性，外形尺寸特别是车长应尽量减短。

五、叉车的总体构造

叉车种类繁多，但不论哪种类型的叉车，基本上都由以下四大部分构成，如图1—12所示为叉车外观图。

图1—12 叉车外观图

动力部分为叉车提供动力，一般装于叉车的后部，兼起平衡配重作用。

底盘接受动力装置的动力，使叉车运动，并保证其正常行走。

工作部分用以叉取和升降货物。

电气设备用于给叉车供电。

由于组成叉车的以上四大部分的结构和安装位置的差异,形成了不同种类的叉车。平衡重式叉车是叉车的一种最普通形式。现以该类叉车为例,讨论各部分的组成,如图1—13所示。

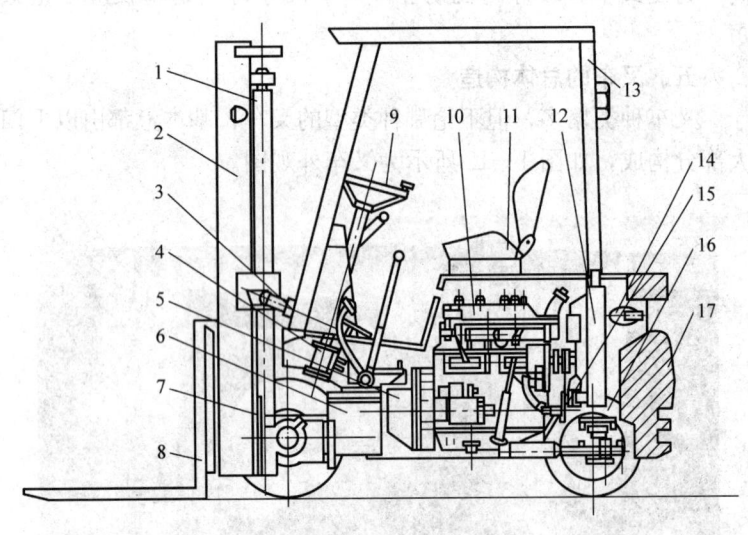

图1—13 叉车的结构组成
1—起升油缸 2—门架 3—倾斜油缸 4—全液压转向器
5—离合器 6—变速器 7—驱动桥 8—货叉 9—方向盘
10—发动机 11—司机座 12—散热器 13—护顶架 14—排气管
15—转向油缸 16—转向桥 17—车架及平衡重

1. 动力部分

内燃叉车的动力部分大多是以往复活塞式内燃机为动力装置。它有汽油机、柴油机以及液态石油气机;电动叉车的动力装置是蓄电池和直流串励电动机。近年来,又有新型叉车问世,它们的动力是双燃料或双动力。

2. 底盘

底盘由传动系、行驶系、转向系、制动系组成。

(1) 传动系是接受动力并把动力传递给行驶系的装置。它一般有机械式传动系、液力机械式传动和全液压传动三种。前者由摩擦式离合器、齿轮变速器、万向传动装置及装在驱动桥内的主传动装置和差速器组成；后者以液力变矩器取代摩擦式离合器，其余部分与前者相同。

(2) 行驶系是保证叉车滚动运行并支撑整个叉车的装置。它由支架、车桥、车轮以及悬架装置等组成；叉车的前桥为驱动桥，这是为了增大有载搬运时的前桥轴荷，以提高驱动轮上的附着质量，使地面附着力增加，以确保发动机的驱动力得以充分发挥。其后桥为转向桥。转向装置位于驾驶员前方，变速杆等操纵杆件置于驾驶员座位的右侧。

(3) 转向系是用来使叉车按照驾驶员的意愿所决定的方向行走的系统，叉车转向系按转向所需的能源的不同，可分为机械转向系和动力转向系两种。前者以驾驶员的体能为转向能源，由转向器、转向传动机构和操纵机构三部分组成；后者是兼用驾驶员的体能和发动机动力为转向能源的转向装置。在正常情况下，叉车转向所需能量，只有很小一部分由驾驶员提供，大部分是由发动机通过转向加力装置提供。但在转向加力装置失效时，一般还应当能由驾驶员独立承担叉车转向任务。叉车作业时，转向行走多变，为减轻驾驶员操纵负担，内燃叉车多采用动力转向装置。常使用的动力转向装置有整体式动力转向器、半整体式动力转向器和转向加力器三种。

(4) 制动系是使叉车减速或停车的系统。它由制动器和制动传动机构组成。制动系按制动能源不同可分为人力制动系、动力制动系和伺服制动系三种。人力制动系以驾驶员体能为制动能源；动力制动系完全依靠发动机的动力转化而成的气压或液压形式的势能为制动能源；伺服制动系是人力制动系和动力制动系的组合。

在平衡重式叉车上，叉车后部设有平衡重，以平衡叉车前部货物的质量，叉车的动力装置（内燃机）或蓄电池，一般装在叉车后部，以起到部分平衡作用。

3. 工作部分

工作部分是叉车进行装卸作业的直接工作机构，它由下列部分组成：

（1）取物工具。取物工具是以货叉为代表的多种工作属具，用以叉取、夹取、铲取货物。

（2）起重货架。用来安装货叉或其他工作属具，并驱动货物一起升降。

（3）门架。门架是工作装置的骨架，工作装置的大部分零部件都装在门架上。两节式门架由外门架和可沿外门架上、下升降的内门架组成；三节式门架由内、中、外三个门架组成。

（4）门架倾斜机构。实现门架的前后倾斜，主要由倾斜油缸组成。

（5）起升机构。起升机构是驱动货物上、下升降的动力装置和牵引装置。主要由链轮、链条和带动货架升降的起升油缸组成。

（6）液压操纵系统。液压操纵系统是对货物的升降和门架的倾斜，以及对其他由液压系统完成的动作实现实时控制装置的总合。它由液压元件、管路和操纵机构等组成。

4. 电气设备

电气设备主要由蓄电池、叉车照明、各种警告、警报信号装置以及其他电气元件和线路组成。电动叉车有串励直流电动机；内燃机叉车有电动起动机；此外，汽油机叉车还有高压电火花点火装置。

模块二 叉车工工作内容及要求

一、叉车在经济建设中的地位与作用

叉车是一种无轨、轮胎行走叉式装卸搬运车辆，属于传统的装卸运输工具，主要工作属具是货叉。叉车种类很多，用途广泛，能机械地把水平方向的搬运和垂直方向的起升紧密结合起来，有效地完成各种装卸搬运作业。叉车主要用于厂矿、仓库、车站、港口、物资储运、邮政部门等场所，对成件、包装件以及托盘等集装件进行装卸、堆码、拆垛、短途搬运等作业。在换装其他工作属具后，还可用于对散堆货物、非包装货物、长件及大件货物等进行装卸作业以及对其进行短距离搬运作业等。

多年来，由于成件货物的品种多、规格杂、外形不一、包装各异，所以对这些货种很难实现装卸作业机械化。叉车的问世，使这一难题得到了解决。叉车作业时，仅仅依靠驾驶员的操作就能够使货物的装卸、堆垛、拆垛、搬运等作业过程机械化，而无须装卸工人的辅助劳动。这不但保证了安全生产，而且占用的劳动力大大减少，劳动强度降低，作业效率提高；同时，可使货物的堆垛高度增加（可达 4~5 m），船舱、车厢、仓库的空间位置得到充分利用（利用率可提高 30%~50%）；可缩短装卸、搬运、堆码的作业时间，加速了车船周转；可减少货物破损，提高作业的安全程度，实现文明装卸；与大型装卸机械作业相比，具有成本低、投资少的优点。所以，叉车在经济建设中发挥了重要作用。

二、叉车工工作内容和岗位职责

1. 认真学习和执行叉车管理的各项规章制度。
2. 爱护车辆装备，及时检查维修，保持车容整洁，车况良好。

3. 认真钻研业务，提高驾驶操作、维护保养叉车及作业的技术水平。

4. 严格执行叉车安全操作规程，遵守交通规则，保障安全驾驶、安全作业。

5. 爱护货物，学习其主要的物理、化学特性，以便作业时选择正确的包装及装卸方式，保证货物完好。

6. 节约叉车原、辅材料，做到节油、节胎、节料（零配件）。

7. 做好运行台账记录。

8. 交接班时正确履行交接班手续。

三、叉车工从业要求

1. 要求身心健康

自然身体条件适宜操作叉车，心理无异常现象，智力正常，能与他人协作完成任务，也能独立完成任务。

2. 要求有良好的职业道德

遵章守法，爱岗敬业，文明优质服务，有全局观和团结协作精神，能把国家、单位和他人的生命财产安全放在第一位。

3. 要求持证上岗

叉车工必须经过专业的培训，掌握叉车的性能构造、基本操作技能及方法、各项作业技术、相关保养及常见故障处理的知识以及操作规程，并经过考核取得操作证后方可操作叉车。

4. 要求有组织纪律性

工作时能严格遵守相关的各项规章制度，服从分配，听从安排。

5. 要求具备相应的知识

懂得相应的法律法规，熟悉交通法规及影响安全驾车、安全作业的各种因素，熟悉叉车岗位的工作内容、作业流程及职责范围，了解作业对象的相关特征。

四、叉车驾驶与管理各项规章制度

要搞好企业叉车装运安全工作，必须建立健全企业叉车装运安全管理规章制度，使管理人员和企业叉车驾驶人员都有章可循。企业叉车装运安全管理规章制度主要有以下几个方面：
（1）企业叉车装运安全操作规程。
（2）企业叉车驾驶员的安全教育制度。
（3）企业叉车驾驶员的安全技术考核制度

叉车驾驶员的教育、培训、考核、安全行车、违章、事故等情况应登记在各自的安全技术考核档案内。

（4）叉车的检验制度

叉车的检验包括叉车驾驶员自检、企业定期及不定期检验、叉车保养和修理后的检验等。

（5）叉车的保养制度

应按叉车使用说明书规定的保养周期、作业项目、作业标准等定期对叉车进行各级保养。

（6）叉车的修理制度（大修、中修）。

（7）叉车安全技术状况管理制度

叉车的每次保养，大修、中修，检验，事故处理，主要技术特性等情况应登记在每辆车的档案内。

（8）厂区道路交通管理规则

企业应根据国家和上级主管部门颁布的有关法规，结合本企业情况制定对企业叉车装运、行驶、道路、行人等的管理规则。

（9）奖惩制度。

习　　题

1. 简述叉车的类型。
2. 叉车的主要技术参数有哪些？
3. 解释 CPCD160A 的含义。
4. 简述叉车的基本组成。
5. 简述叉车在经济建设中的地位与作用。
6. 简述叉车工工作内容和岗位职责。
7. 简述叉车工从业要求。

单元二　内燃叉车的构造

模块一　发　动　机

一、发动机概述

1. 发动机及其种类

把某种形式的能转变为机械能的机器叫做发动机，如图2—1所示。发动机因能源不同又可分为风力发动机、水力发动机和热力发动机等。

热力发动机就是把燃料燃烧所产生的热能变为机械能。因燃料燃烧所处部位不同，热力发动机又可分为外燃发动机和内燃发动机两大类。

燃料直接在内部燃烧的发动机叫内燃发动机。如柴油机、汽油机、煤气机、液化石油气机、双燃料（汽油/液化石油气或柴油/液化石油气）发动机等。本模块主要讲述内燃发动机。

2. 内燃发动机的分类

内燃机的结构形式很多，可按下列方法分类。

（1）按采用的燃料不同可分为柴油机、汽油机、煤气机和液化石油气机等。

（2）按工作循环的行程数可分为：

1）四冲程式。活塞往复四个行程完成一个工作循环。

2）二冲程式。活塞往复两个行程完成一个工作循环。

（3）按燃料在汽缸内的着火方式可分为：

图 2—1 发动机外观图

1）压燃式。利用汽缸内被压缩的空气所产生的高温高压使燃料自行着火燃烧。柴油机就属于这种着火方式。

2）点燃式。利用外界热源（如电火花）点燃燃料，使其着火燃烧。汽油机、天然气机、煤气机就属于这种着火方式。

（4）按进气方式可分为：

1）增压式。装有增压器，空气经过增压后进入汽缸。

2）非增压式。不装增压器，利用活塞的抽吸作用将空气吸入汽缸。

(5) 按汽缸冷却方式可分为：
1) 风冷。利用空气作为冷却介质。
2) 水冷。利用水作为冷却介质。
(6) 按汽缸排列形式可分为：
1) 直列式。所有汽缸中心线在同一垂直平面内。
2) 卧式。所有汽缸中心线在同一水平平面内。
3) V型。汽缸中心线分别在两个平面内，并且两平面相交呈字母"V"形状。

3. 发动机的常用术语

学习发动机的工作原理，应先了解发动机的几个常用术语，如图2—2所示为单缸四冲程柴油机的结构简图。

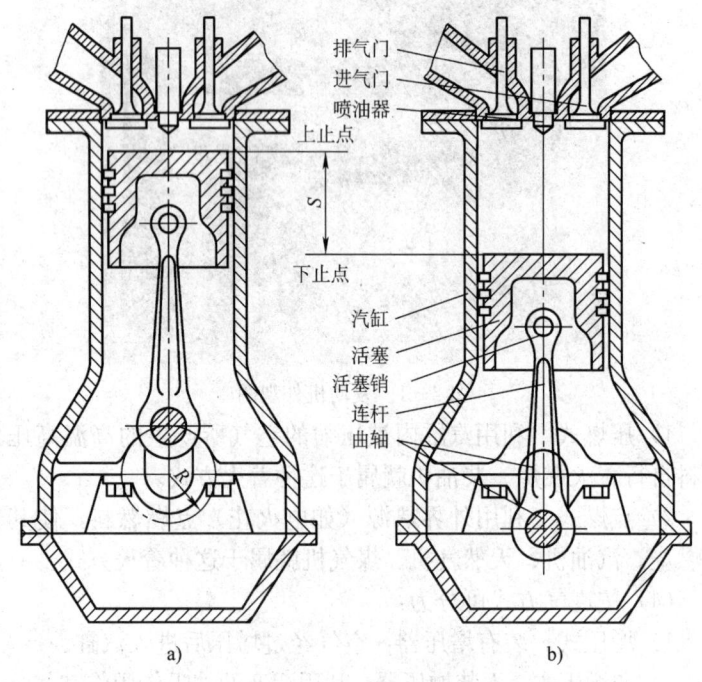

图2—2 单缸四冲程柴油发动机的结构简图

(1) 上止点。活塞运动到离曲轴回转中心最远处,称为上止点。

(2) 下止点。活塞运动到离曲轴回转中心最近处,称为下止点。

(3) 活塞行程。活塞从一个止点到另一个止点所移动的距离,称为活塞行程(即曲轴旋转180°,活塞运动一个行程)。

(4) 汽缸工作容积。活塞从一个止点移到另一个止点所扫过的汽缸容积,称为汽缸的工作容积。

(5) 发动机工作容积。发动机各汽缸工作容积之和,称为发动机的工作容积或发动机排量。

(6) 燃烧室容积。当活塞位于上止点时,活塞顶上方的空间称为燃烧室,其容积称为燃烧室容积。

(7) 汽缸总容积。当活塞位于下止点时,活塞顶上方的容积,称为汽缸总容积。

(8) 压缩比。汽缸总容积与燃烧室容积之比,称为压缩比。压缩比表示了进入汽缸的气体(空气或可燃混合气)在活塞从下止点运动到上止点时,在被压缩后容积缩小的倍数。一般柴油机的压缩比约为16~22,汽油机的压缩比约为6~9。

二、发动机的工作原理

四冲程发动机是由进气、压缩、做功、排气四个过程组成一个工作循环,该循环是在曲轴转两圈,活塞往复四个行程内完成的,故对活塞的四个行程命名为进气行程、压缩行程、做功行程、排气行程。

1. 四冲程柴油发动机的工作原理

如图2—3所示为四冲程柴油发动机工作过程示意图。

(1) 进气行程(见图2—3a)。在进气行程开始时,活塞位于上止点。此时,进气门开始打开,排气门关闭。活塞在曲轴、连杆的带动下,从上止点向下止点运动,活塞顶上方的汽缸容积不断增大,汽缸内压力降低到小于大气压,新鲜空气在内、外压

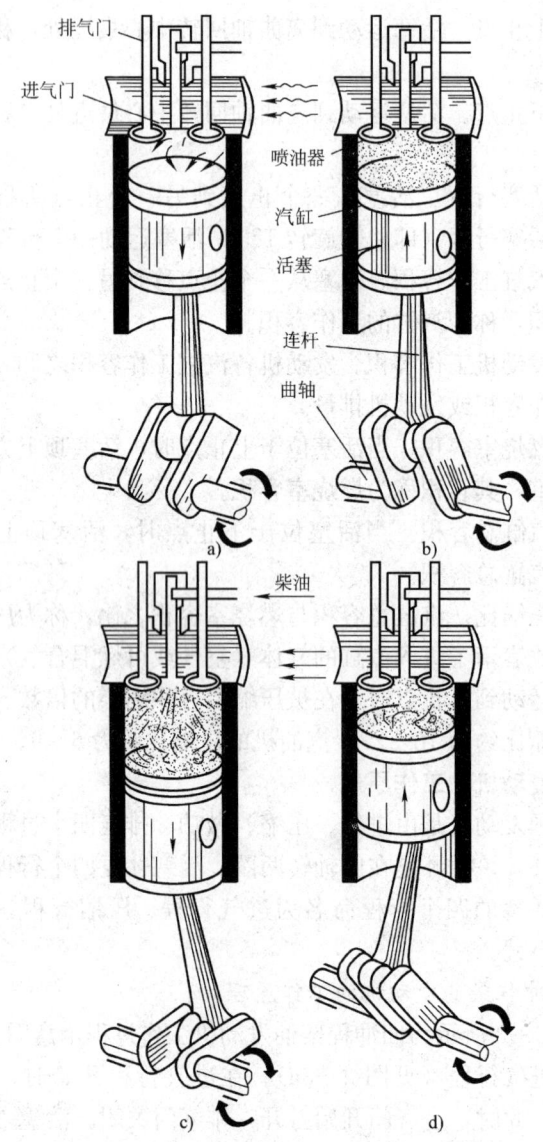

图 2—3 四冲程柴油发动机工作过程示意图
a) 进气行程　b) 压缩行程　c) 做功行程　d) 排气行程

力差作用下被吸入汽缸。当活塞运动到下止点时,进气门关闭,进气行程结束。

(2) 压缩行程(见图 2—3b)。进气终了,曲轴继续旋转,活塞由下止点向上止点运动。此时进、排气门均关闭。随着活塞的上行,汽缸容积不断减小,汽缸内气体受到压缩其温度和压力迅速升高,为柴油喷入汽缸自行着火燃烧创造了有利条件。当活塞到达上止点时,压缩行程结束。

(3) 做功行程(见图 2—3c)。当压缩行程接近终了,活塞到达上止点前,由喷油器向燃烧室内喷入一定数量的高压雾化柴油。雾化柴油遇到高温、高压的空气后,边混合边蒸发,迅速形成可燃混合气并自行着火燃烧。由于进、排气门都关闭,所以燃烧后的高温、高压气体便膨胀推动活塞从上止点向下止点运动,并通过连杆使曲轴旋转而输出动力。活塞到达下止点时,做功行程结束。

(4) 排气行程(见图 2—3d)。曲轴继续旋转,推动活塞由下止点向上止点运动,这时排气门打开,进气门仍关闭。由于燃烧后的废气压力高于外界大气压力,废气在压力差及活塞的排挤作用下,经排气门迅速排入大气。活塞运动到上止点时,排气门关闭,排气行程结束。

四冲程柴油发动机从进气、压缩、做功到排气,活塞运行了四个行程,曲轴转了两圈,完成了一个工作循环。当活塞再次从上止点向下止点运动,便进入下一个工作循环。这样周而复始地继续下去,柴油发动机就能保持连续运转而做功。

2. 四冲程汽油发动机的工作原理

四冲程汽油发动机的工作过程与四冲程柴油发动机相似,每个工作循环也经历进气、压缩、做功和排气四个行程。不同之处在于汽油机用的燃料是汽油,其黏度比柴油小、易挥发,而自燃温度却较柴油高得多。所以,汽油发动机可燃混合气的形成及着火方式与柴油机有所不同。

如图2—4所示为四冲程汽油发动机简图,其工作原理与柴油发动机的差别在于:

(1)在进气行程时,进入汽缸的气体不是纯空气,而是可燃混合气。由图2—4所示可知,在进气道上装有化油器(传统汽油机)或喷油器(电控燃油喷射式汽油机),空气流经化油器或进气道时具有很高的速度,将吸出或喷出的汽油吹散和汽化,并随同空气一起进入汽缸。

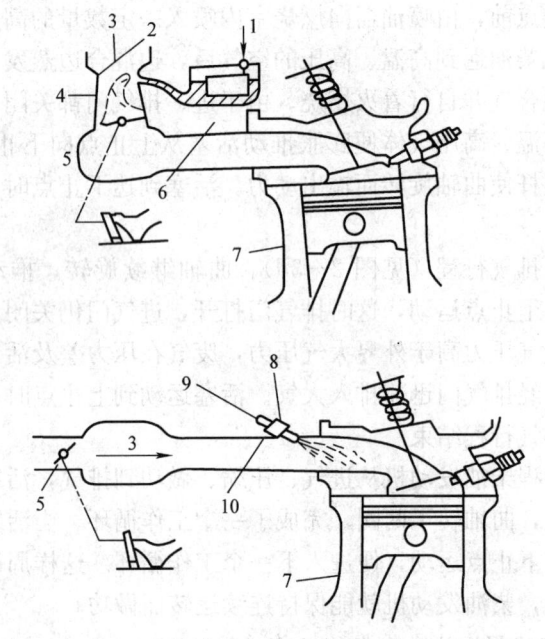

图2—4 四冲程汽油发动机简图
1—汽油 2—喉管 3—空气 4—化油器 5—节气门 6—浮子室
7—发动机汽缸 8—控制装置 9—加压汽油 10—喷射阀

(2)在压缩行程终了前,可燃混合气由安装在汽缸顶部的火花塞发出的电火花强制点火燃烧,然后膨胀做功。

(3) 汽油发动机的压缩比较柴油发动机小，压缩比过大，容易产生过早燃烧和爆燃等不正常燃烧现象，影响发动机的性能和寿命。

三、发动机总体构造

发动机是一部复杂的动力装置。由于汽油机和柴油机的基本原理相似，基本构造也就大同小异，汽油机通常是由两大机构五大系统组成，柴油机通常是由两大机构四大系统组成（无点火系）。

1. 曲柄连杆机构

曲柄连杆机构是发动机进行工作循环，完成能量转换的主要机构。它包括汽缸体曲轴箱组、活塞连杆组、曲轴飞轮组三大部分。

(1) 汽缸体曲轴箱组。汽缸体曲轴箱组主要由汽缸体、汽缸套、汽缸盖、汽缸衬垫、曲轴箱等零件组成。

汽缸体（见图2—5）是发动机的骨架和装配基础，是一个具有足够刚度和强度的复杂铸铁件。上部为汽缸体，下部为曲轴箱。汽缸体的上平面经精加工用以安装汽缸盖，汽缸体的内部和上平面加工有镗制孔，用以安装汽缸套。汽缸套与汽缸体壳壁间的空间构成连通的水套。汽缸体下部有数个横向的主轴承座，曲轴箱的下端面经加工为油底壳的安装平面。汽缸体的前后加工面分别安装正时齿轮室和飞轮壳。

汽缸套安装于汽缸体的座孔内，其内壁用来引导活塞作往复直线运动，并承受燃烧气体的高温、高压和活塞侧压力的作用。因此要求汽缸套要有足够的强度、耐高温、耐磨，并具有较高的精度和表面粗糙度，使之与活塞和活塞环严密配合，防止漏气。

汽缸盖（见图2—6）的作用是封闭汽缸上部，并与活塞顶共同组成燃烧室。汽缸盖是一个形状复杂的铸件，其内部设有冷却水套，底面上制有燃烧室，汽缸盖通过螺栓与汽缸体连接。

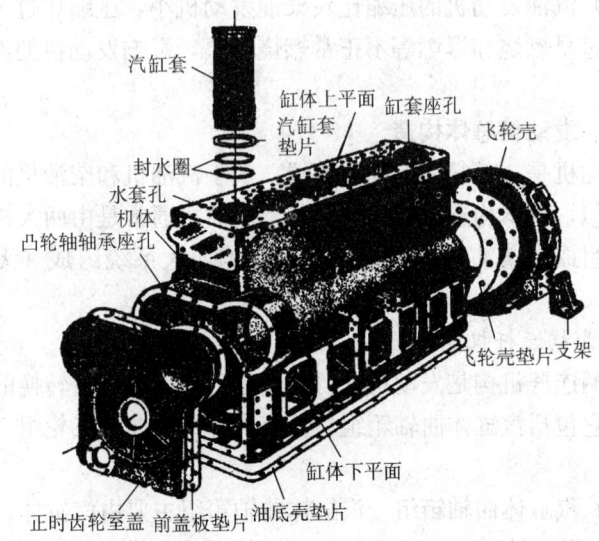

图 2—5 汽缸体

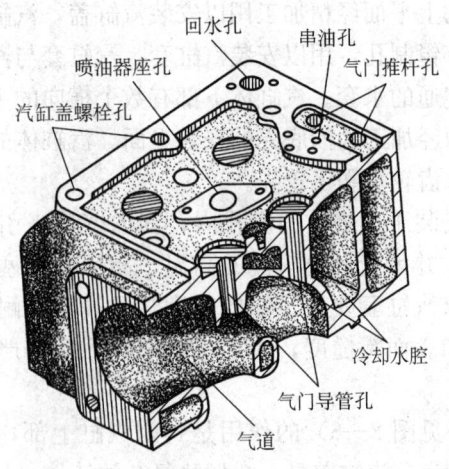

图 2—6 汽缸盖

曲轴箱分上下两部分,上曲轴箱与汽缸体铸成一体,是安装曲轴和凸轮轴的机架,下曲轴箱俗称油底壳,用来储存润滑油和封闭汽缸体下部,油底壳用螺栓固定在汽缸体的下平面上。

(2)活塞连杆组。活塞连杆组主要由活塞、活塞环、活塞销和连杆等组成(见图2—7)。

活塞的主要作用是承受燃烧气体的压力,并将此压力经活塞销传给连杆。活塞上部的侧面制有若干道环槽,槽中安装具有弹性的活塞环。活塞中部有活塞销座,活塞通过活塞销与连杆铰接。

活塞环按功用不同分为气环和油环。气环的作用是保证与汽缸壁间的密封,油环用来刮除汽缸壁上多余的润滑油,并使润滑油在汽缸壁上分布均匀。

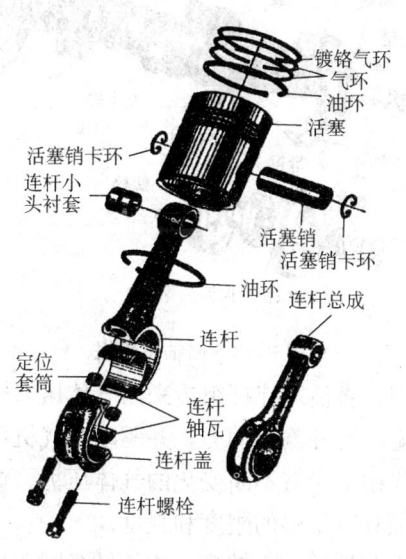

图2—7 活塞连杆组

连杆(见图2—7)的功用是连接活塞和曲轴,传递动力,把活塞的往复直线运动变为曲轴的旋转运动。连杆由小头、杆身和大头三部分组成。小头孔内压有青铜衬套,活塞销穿过衬套孔与小头相连。杆身通常为工字形断面，杆身沿长度方向钻有沟通大小头的油道。连杆大头与曲轴轴颈相连，为便于装配，连杆大头做成可分式，与连杆体可分离的部分称为连杆盖。连杆大头与连杆盖之间装有分开式连杆轴瓦（称滑动轴承），两者用连接螺栓与曲轴轴颈紧固在一起。

(3) 曲轴飞轮组。曲轴飞轮组主要由曲轴、飞轮、扭转减振器、正时齿轮、带轮等组成（见图2—8）。

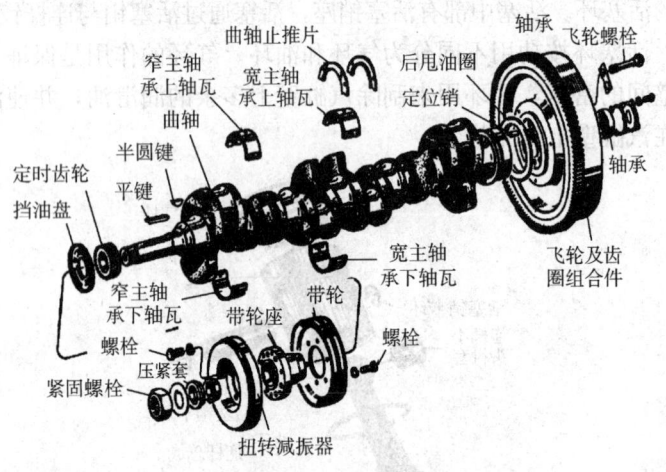

图2—8 曲轴飞轮组

曲轴的作用是将活塞连杆组传来的气体压力转变为绕其本身轴线旋转的转矩，对外输出动力，并驱动配气机构以及各辅助装置。曲轴在工作中承受着不断变化的气体压力、惯性力和转矩的作用，曲轴必须具有足够的刚度和强度。

曲轴一般由前端轴、主轴颈、连杆轴颈、曲柄、平衡配重和后端轴等部分组成。主轴颈是曲轴的支撑部分，安装在汽缸体的主轴承座孔中，其间装有主轴瓦（滑动轴承）。有的发动机，如6135型发动机，其主轴采用滚动轴承，连杆轴颈与连杆大头相配合，曲柄用来连接主轴颈和连杆轴颈，平衡配重用来平衡发动机运转中产生的离心力和离心力矩，使发动机运转平稳。曲轴内制有贯穿主轴颈、曲柄和连杆轴颈的油道，以使具有一定压力的润滑油流去润滑曲轴轴瓦和连杆轴瓦。

前端轴是指第一道主轴颈之前的部分，通常装有起动爪、风扇带轮、正时齿轮、挡油盘等，有的还装有扭转减振器。后端轴是最后一道主轴颈之后的部分，有安装飞轮用的凸缘、回油螺纹和甩油圈等。

飞轮的作用是将做功行程的部分能量贮存起来，以带动曲柄连杆机构越过上止点和克服其他三个辅助行程的阻力，同时将发动机的动力传给离合器。为了使飞轮具有较大的转动惯性而又有最小的质量，飞轮的质量多集中在轮缘上。一般在飞轮的外缘上装有齿圈，借以与起动机齿轮啮合，以便起动发动机。

2. 配气机构

配气机构的作用是按照发动机工作次序和各缸工作循环的要求，定时打开和关闭各汽缸的进、排气门，使新鲜空气（柴油机）或可燃混合气（汽油机）吸进汽缸，并将废气排出汽缸，在压缩和做功行程中保证汽缸的密封。发动机的配气机构一般由气门组和气门传动组组成。根据气门安装位置的不同，配气机构通常可分为顶置气门式和侧置气门式两种。

(1) 顶置气门式配气机构。顶置气门式配气机构（见图2—9a）的进、排气门倒装在汽缸盖上。气门组包括气门、气门导管、气门弹簧、气门弹簧座、锁片等。气门传动组由摇臂、推杆、挺柱、凸轮轴和正时齿轮等组成。

顶置气门式发动机由于进气弯道少，进气阻力小，燃烧室结构紧凑，充气良好，因此具有较高的动力性和经济性，故现代发动机广泛采用顶置气门式配气机构。

(2) 侧置气门式配气机构。侧置气门式配气机构的进、排气门都顺装在汽缸体的一侧（见图2—9b）。侧置气门式配气机构具有结构简单，不需要推杆、摇臂等中间传动件的特点，但由于气门布置在汽缸体的一侧,燃烧室结构不紧凑,气体进入汽缸拐弯多,流动阻力大,使发动机的动力性和经济性降低,目前,这种配气机构已趋于淘汰。

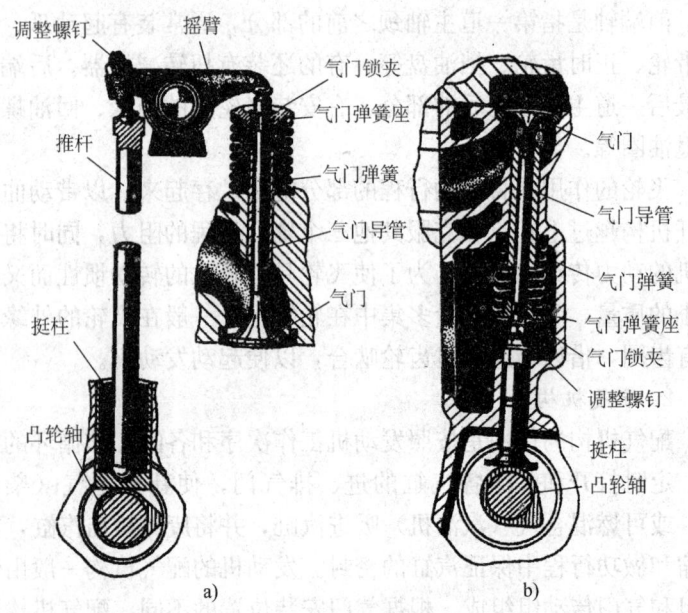

图2—9 配气机构
a)顶置气门式喷气机构 b)侧置气门式配气机构

3.汽油发动机燃料供给系

汽油发动机燃料供给系的功用是根据各种不同工况的要求向汽缸提供一定数量、质量及浓度的可燃混合气,并将燃烧后形成的废气排到大气中。一般汽油机燃料供给系由下列装置组成,如图2—10所示为化油器式(传统)汽油机,如图2—11所示为电控燃油喷射式汽油机。

下面以化油器式(传统)汽油机为例进行介绍:

(1)汽油供给装置包括汽油箱、汽油滤清器、汽油泵和输油管,用以完成汽油的储存、输送及滤清任务。

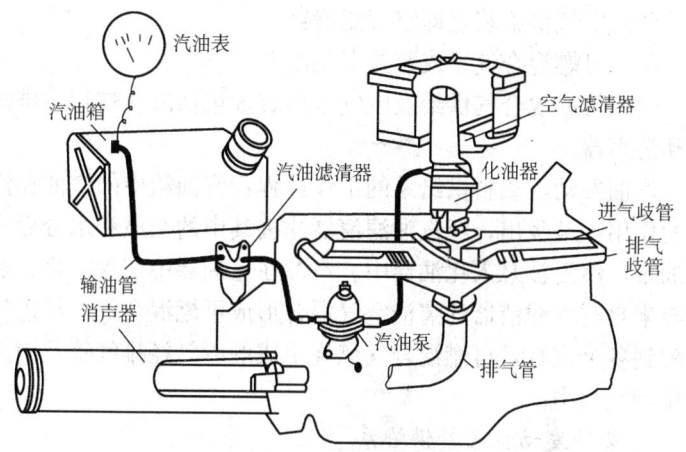

图 2—10 汽油发动机燃料供给系（传统化油器式）

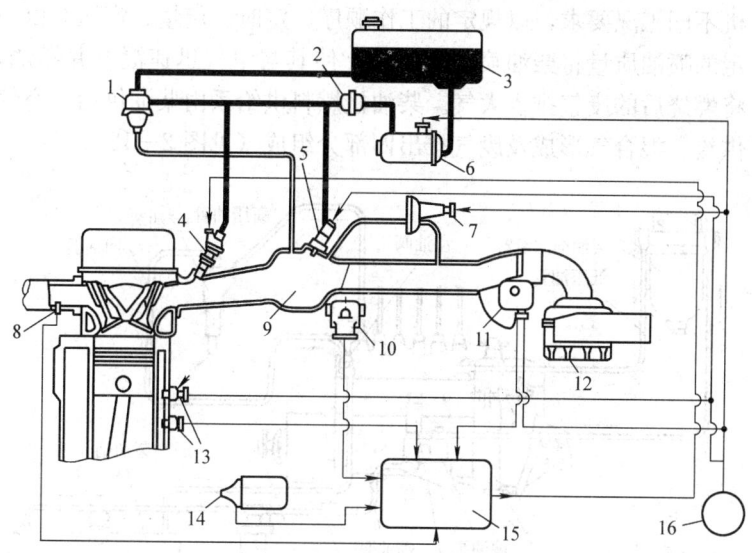

图 2—11 汽油发动机燃料供给系（电控燃油喷射式）
1—压力调节器 2—燃油滤清器 3—空气 4—化油器 5—节气门 6—燃油泵
7—空气阀 8—O_2 传感器 9—稳压器 10—节气门位置传感器 11—空气流量计
12—空气滤清器 13—温度传感器 14—分电器 15—计算机 16—起动开关

(2) 空气供给装置即空气滤清器。
(3) 可燃混合气形成装置即化油器。
(4) 可燃混合气供给及废气排出装置包括进气歧管、排气歧管和消声器。

汽油发动机燃料供给系的工作过程：汽油箱中的汽油在汽油泵的作用下被吸出，经汽油滤清器滤去其中的杂质和水分后进入汽油泵，然后被泵入化油器中。汽油在化油器中实现雾化、蒸发并与来自空气滤清器的清洁空气混合形成可燃混合气，经进气管分配到各个汽缸，可燃混合气燃烧生成的废气经排气管及消声器被排到大气中。

4. 柴油发动机燃料供给系

柴油发动机燃料供给系的作用是储存、滤清柴油，并按柴油机不同工况要求，以规定的工作顺序，定时、定量、定压并以一定的喷油质量将柴油喷入燃烧室，使其与空气迅速混合并燃烧，将燃烧后的废气排入大气。柴油机燃料供给系由柴油供给、空气供给、混合气形成及废气排出四部分组成（见图2—12）。

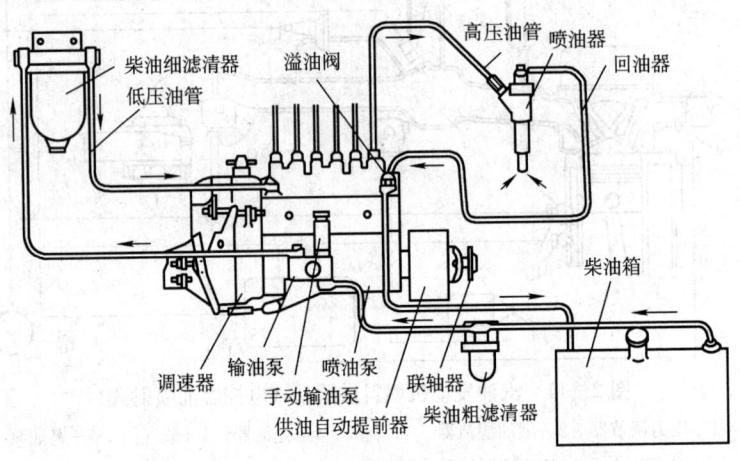

图2—12 柴油发动机燃料供给系

（1）柴油供给装置由柴油箱、输油泵、柴油滤清器、喷油泵、喷油器、低压油管、高压油管等组成。

（2）空气供给装置由空气滤清器、进气管和汽缸盖内的进气道组成。

（3）混合气形成装置由燃烧室组成。

（4）废气排出装置由汽缸盖内的排气道、排气管和消声器组成。

供油过程：在输油泵的作用下，柴油从柴油箱中被吸出，经滤清器滤清后送往喷油泵，喷油泵使低压油变成高压油，经高压油管和喷油器，呈雾状喷入燃烧室，形成混合气。

5. 润滑系

发动机工作时，有许多零件在做相对运动，从而产生摩擦阻力并消耗一定的功率，同时引起发热和磨损，缩短使用寿命。为了保证发动机正常工作，必须对相对运动零件表面加以润滑，即在摩擦表面间覆盖一层机油膜，以减小摩擦阻力、降低功率消耗、减轻机件磨损、延长使用寿命，发动机的润滑靠润滑系来实现。润滑系的基本作用是：

（1）润滑作用。减轻零件表面的摩擦，减少零件的磨损和功率损失。

（2）冷却作用。通过润滑油带走零件所吸收的部分热量，保持零件温度不致过高。

（3）清洗作用。利用循环的润滑油冲洗零件表面，带走磨屑等杂质。

（4）密封作用。利用润滑油的黏性，附着于运动零件表面，提高零件的密封性。

（5）防锈作用。润滑油附着于零件表面，防止零件表面与水分、空气及燃气接触而产生锈蚀。

现代发动机普遍采用压力润滑与飞溅润滑相结合的综合润滑方式。

压力润滑是以一定的压力将润滑油输送到各个运动零件表面的间隙中形成油膜的润滑方式。压力润滑主要用于承受荷载和相对运动速度较高的运动副表面,如曲轴主轴承、连杆轴承、凸轮轴承、气门摇臂轴等处。

飞溅润滑是利用发动机工作时零件飞溅起来的油滴或油雾润滑运动副表面的方式。飞溅润滑主要用于外露表面、荷载较轻的运动副表面,如汽缸壁、活塞销、凸轮、挺柱、偏心轮、连杆小头等部位。

柴油发动机润滑系统如图 2—13 所示,它主要由机油泵、细滤器、粗滤器、风冷机油散热器、水冷机油散热器、油底壳、油

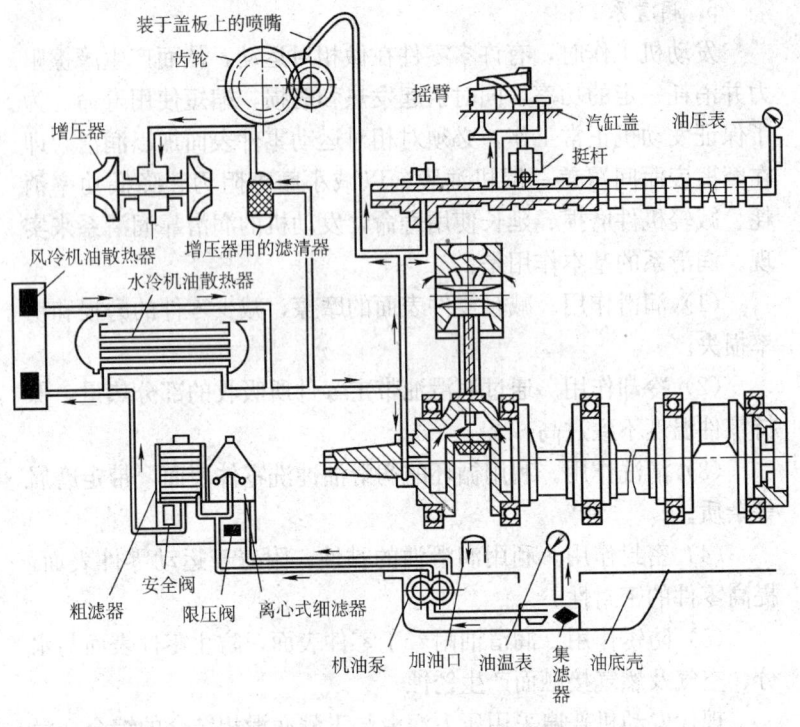

图 2—13 柴油发动机润滑系统

道和各种阀等组成。现代发动机润滑系的组成，机油的循环路线大致相同。其润滑油循环路线如图2—13中箭头所示。

6. 冷却系

冷却系的作用就是将发动机工作中的高温热量散发出去，以保证它在80～90℃的温度范围内正常工作。

发动机的冷却方法有风冷和水冷两种。风冷却系是利用风扇向铸有散热片的汽缸和缸盖吹风，使热量散发到大气中，通常只用于功率小、汽缸数少的发动机。水冷却系是通过水泵强制冷却水在汽缸体和汽缸盖的水套和散热器中循环流动，带走高温机件的热量并散发到大气中去。

水冷却系一般由散热器、水泵、节温器、风扇、水温表及水套等组成。冷却水的循环情况，如图2—14所示。

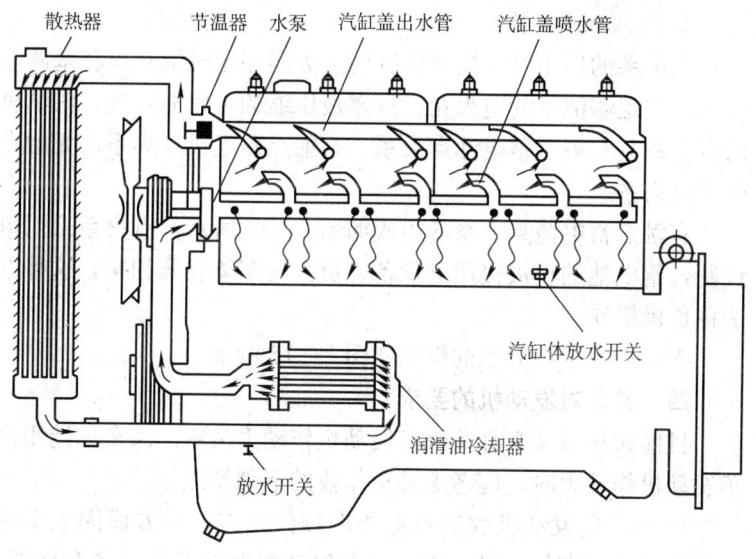

图2—14 水冷却系冷却水的循环简图

装在汽缸盖出水口处的节温器的作用是随发动机冷却系水温变化自动控制通过散热器的冷却水流量，以调节冷却系的冷却强度,用以控制冷却水的大、小循环路线。

7. 起动系

发动机要从静止状态转入工作状态,必须首先借助于外力驱动曲轴转动,直到发动机能自动维持稳定运转的全过程,称为发动机的起动。起动系的作用是使发动机由静止状态迅速地进入到工作状态。

发动机起动的方法较多,常见的有人力起动(手摇、绳拉)、电动机起动、汽油起动机起动、压缩空气起动以及气动马达起动等。叉车用发动机多采用电动机起动,起动用电动机广泛采用串励低压直流电动机。汽油发动机起动电动机用蓄电池的电压多为12 V;柴油机起动电动机用蓄电池的电压一般为24 V。起动电路参见单元二模块八电气系统。

8. 汽油机点火系

点火系的作用就是按照汽缸的点火顺序定时地在火花塞两电极间产生足够能量的电火花,点燃被压缩的可燃混合气。汽油机的点火系分有触点蓄电池点火系、有触点磁电机点火系、无触点电子点火系。

有触点蓄电池点火系的组成如图2—15所示,点火系采用单线制,蓄电池的正极接用电设备,负极与车体金属相接,这种方法称负极搭铁。

无触点电子点火系的组成如图2—16所示。

四、叉车对发动机的要求

目前大多数叉车都用汽车发动机作动力装置。叉车如选用汽车发动机作动力时,应考虑叉车作业的下列特点:

1. 叉车的发动机散热冷却条件较汽车差,一方面因叉车的行驶速度较汽车低,另一方面叉车发动机散热器位于叉车尾部。此外,叉车在起升货物时,发动机一般在接近于额定转速下工作,此时叉车或原地不动,或低速行驶,使发动机冷却更加困难。

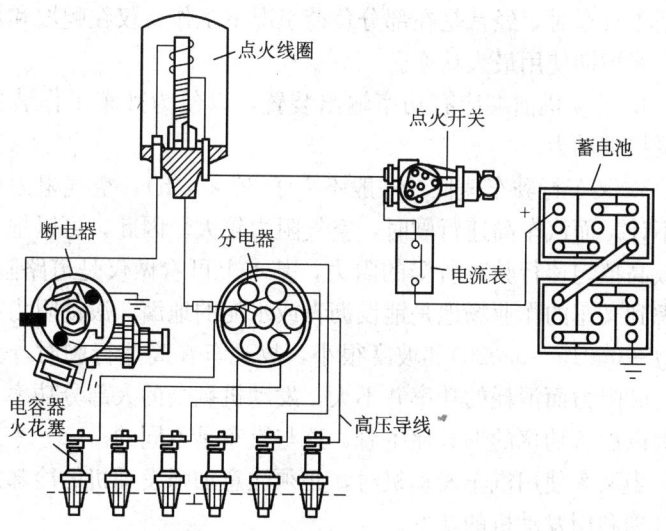

图 2—15 有触点蓄电池点火系

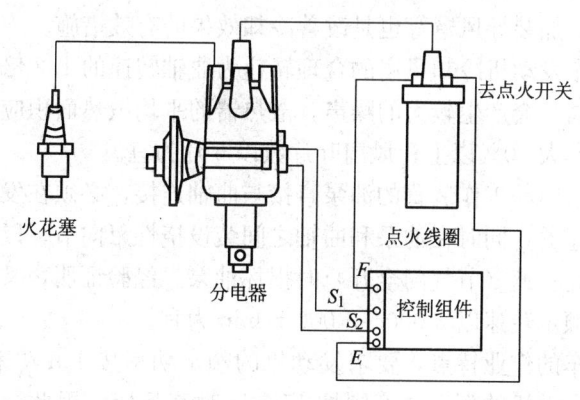

图 2—16 无触点电子点火系

2. 叉车发动机吸入空气的含尘量较汽车大，因叉车发动机的空气滤清器在叉车尾部。

3. 汽车发动机用于叉车时，经常接近于满负荷工况工作，而用于汽车时，经常是在部分负荷工况下工作，仅在爬坡和加速时，才短期使用最大功率。

4. 发动机前端应有功率输出装置，以便为叉车工作装置的油泵提供动力。

5. 叉车行驶车速低（一般不大于 30 km/h），空气阻力可忽略不计。而汽车高速行驶时，空气阻力较大。因此，可以把叉车满载高挡匀速行驶时所受的阻力，基本上可看做仅是道路阻力。考虑到叉车的作业场地是铺设沥青或水泥的地面，滚动阻力系数 f（$f=0.015\sim0.020$）和坡度很小，故叉车在高速行驶时，为克服行驶阻力而消耗的功率并不大，发动机剩余的大部分功率，实际上以后备功率的形式储备着，这与汽车是不同的。

当叉车使用汽车发动机时，必须注意加强发动机的冷却效果和合理利用发动机的功率。

加强发动机冷却效果的措施有：增大风扇直径，增加叶片数目，加大叶片转角和刚度，提高风扇转速。另外，增加散热器散热面积，加装导风罩等也是改善冷却效果的有效措施。

叉车发动机冷却风扇的合理转速为曲轴转速的 1.2 倍。如果转速过高，会产生较大的噪声；散热器的平均散热面积应比普通载货汽车大 20% 以上；风扇叶片数以 6 片为宜。

如果驱动工作装置的油泵直接与曲轴连接，必须在发动机上装设限速器，同时在油泵和曲轴之间装设挠性万向节，以防发动机在最高转速（节气门全开）时损坏油泵。经验证明，叉车用发动机的额定转速以 2 000~3 000 r/min 为宜。

叉车的作业特点，要求发动机的额定功率按 1 h 功率标定，而汽车发动机的额定功率则按 15 min 功率标定。因此，在叉车上使用汽车发动机时，只能取发动机额定功率的 90% 作为叉车的额定功率。

模块二 传动系统

一、作用及类型

叉车传动装置的基本作用是将动力装置的动力传递给驱动车轮。

内燃叉车传动方式有机械式、动液式和静液式三种。

内燃叉车的机械式和动液式传动方式称为集中传动，其动力都是集中传递，最后通过差速器传给驱动桥左右两侧的车轮；静液传动的内燃叉车和电动机械式的电动叉车，除了集中传动的形式外，还有分别传动的形式，这种传动形式取消了差速器，驱动桥左右车轮由各自独立的传动装置驱动。

二、机械式传动

内燃叉车的机械式传动与普通汽车传动系相同，如图2—17所示，由摩擦式离合器、齿轮式变速器、万向传动装置和驱动桥（主减速器、差速器和半轴）组成。但由于叉车作业时，前进和后退的机会几乎相等，所以要求变速器的前进和后退挡位数基本接近。挡位数的多少，取决于叉车的起升质量、行驶速度和发动机的功率。小吨位叉车（小于3 t）前进和后退一般均为两挡，中等起升质量以上的叉车则多用3~5个挡。机械式传动只能实现有级变速。

叉车作业时，起步和停车的机会很多，变速器换挡频繁。因此，离合器使用频繁，使离合器经常在半离合状态下工作，离合器摩擦片磨损严重。为使离合器磨损小，寿命长，同等功率的叉车离合器的尺寸大，通风散热情况要好，以降低离合器温升。同时，叉车离合器要求摩擦材料的许用比压和摩擦因数较高。

机械式传动的优点是传动效率高（直接挡达90%，其他挡为80%~85%），结构简单，工作可靠。

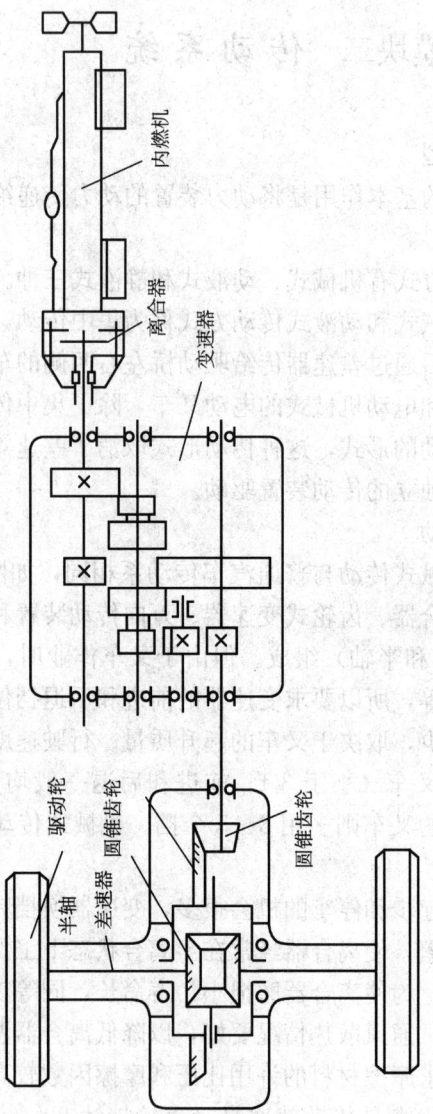

图 2—17 内燃叉车机械式传动系

三、动液式传动

内燃叉车的动液式传动（见图 2—18）与机械式传动的主要不同之处是用液力变矩器代替了机械摩擦式离合器。液力变矩器能在较大的范围内和在有负荷的条件下，无级地改变传动比和变矩比（或称变矩系数）。当叉车起步时，液力变矩器的输出轴转速为零，而输入轴（一般与发动机曲轴相连接）的转速等于曲轴转速，此时的传动比为无限大，变矩比也最大，叉车起步加速度也大，从而提高了叉车的作业效率。随着液力变矩器输出轴转速的增加，传动比减小，变矩比也减小。当液力变矩器的输出轴与输入轴转速相等时，传动比为 1，变矩比为零，液力变矩器则以耦合器工况工作。

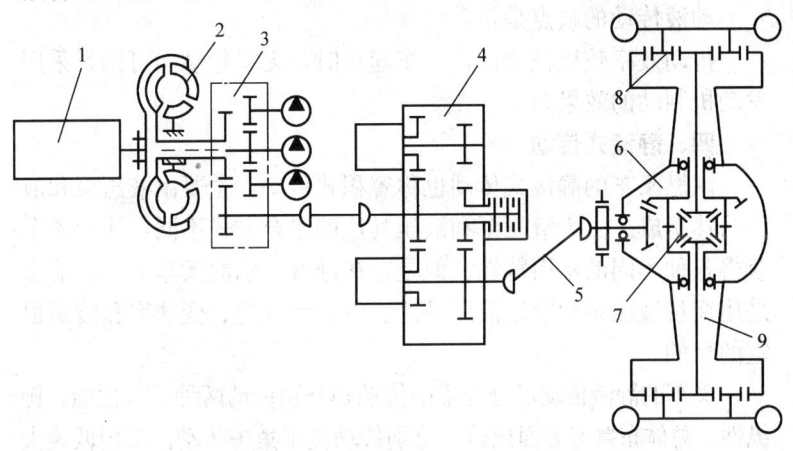

图 2—18　内燃叉车的动液式传动
1—发动机　2—液力变矩器　3—功率输出器　4—动力换挡变速器
5—传动轴　6—主减速器　7—差速器　8—轮边减速器　9—半轴

由于叉车使用工况复杂，道路条件变化大，因此单靠液力变矩器还不能完全满足使用要求，必须在液力变矩器之后，再加一套机械式变速器（一般采用液压换挡），组成液力机械变矩器，这是目前应用最广泛的动液传动方式，它使变矩范围更加扩大，操作简单。

动液传动的主要优点是：

(1) 液力变矩器输出转矩的变化曲线与理想的叉车牵引特性甚为接近。

(2) 发动机曲轴与驱动轮之间因为不是刚性连接，在外载荷突然增大时，可以保护发动机不致过载或熄火。

(3) 液力变矩器能使发动机不在油耗率高的低转速、小功率工况下工作，因而改善了发动机的经济性。

(4) 采用液力变矩器可在不中断动力的情况下，实现平稳地自动换挡。这对作业时需要常常起步、停车、频繁换挡的叉车而言，大大简化了操作、提高了作业效率，减轻了驾驶员劳动强度。

动液传动的缺点是：

传动效率较机械式低，叉车起步时，无飞轮动能可用，采用发动机制动的效果差。

四、静液式传动

内燃叉车的静液式传动也称容积式传动，主要由液压泵和液压马达组成。由于液压泵和液压马达的组合方式不同，才使叉车获得各种不同的牵引特性。但是，在静液传动的叉车上，目前多采用变量液压泵和定量液压马达，以达到变速、变功率和转矩恒定的目的。

叉车的静液传动可分为集中传动和分别传动两种。从性能、操纵性、总体布置等方面比较，分别传动优于集中传动。采用低速大转矩液压马达易于实现左右驱动轮的分别传动，如图 2—19 所示。

叉车采用静液传动，可取消机械式和动液式传动装置中的传动轴和差速器，使其传动系大大简化。如将低速大转矩马达装于车轮上，还可取消减速器。在分别传动的叉车上，液压马达并联工作完全具有差速器的性能。当液压马达并联，且排量不变时，其总输出转矩将是单个马达最大转矩的两倍。当液压马达串联，且油泵流量不变时，车轮转矩减半，但叉车行驶速度可提高一倍。

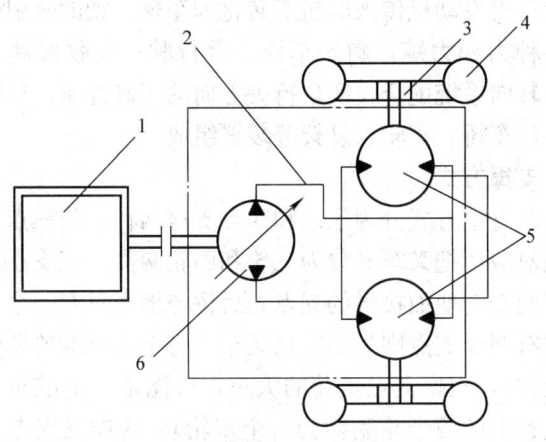

图 2—19 内燃叉车的静液式传动
1—发动机 2—油管 3—轮边减速器 4—驱动轮 5—油马达 6—变量油泵

叉车的静液传动是一种有发展前途的传动形式，但是，动液传动和机械传动仍是目前内燃叉车的主要传动方式。为了改善叉车的牵引性能，简化操作，提高装卸效率，采用动液传动的日益增多。由于机械传动的叉车结构简单，工作可靠，成本低，故在小吨位叉车上仍占有相当的比例。

内燃叉车发动机后置，前桥为驱动桥，后桥为转向桥，以使叉车在叉取货物并进行装卸搬运作业时，增大前桥轴荷和驱动轮的附着力，使发动机动力能得到充分发挥，提高叉车的通过能力。另外，当叉车有载运行时，可使后轮（转向轮）轴荷小，转向轻便，操纵省力。

模块三 行驶系统

一、行驶系统的作用

行驶系统的主要功能是将车辆构成一个整体，并支持全车和货物质量；将发动机传来的扭矩转化为车辆行驶的牵引力；承受并传递各种力和力矩，确保车辆正常行驶；吸收振动、缓和冲击，并与转向系统配合，实现行驶方向的正确控制。行驶系统主要由车架、车桥、车轮、悬架等装置组成。

二、支撑方式

叉车的支撑方式分为三点和四点支撑两种。与三点和四点支撑方式相对应，把叉车又分为三轮和四轮两类。三支点叉车是指前桥具有两个与地面接触的支点，后桥与地面只有一个支点；如果后桥也有两个支点则为四支点叉车。每个支点的轮胎数目（不等于车轮数），根据支点负荷的大小，可能是一个或两个（装于同一个轮毂上的两个轮胎称为一个车轮）。这样三支点叉车（三轮叉车）可能有3个、4个或6个轮胎，四支点叉车（四轮叉车）一般有4个或6个轮胎（见图2—20）。

三轮叉车适合于在车、船舱内和通道狭窄的仓库内作业，因其转弯半径极小，三轮叉车比四轮叉车能提高库房面积的货位利用系数10%；三轮叉车整备质量小，在起升质量相同的情况下，行驶时能量消耗比四轮式低25%～30%。虽然三轮叉车具有上述很多优点，但它的最大缺点是重心高、基底面积小，行驶转弯时横向稳定性比四轮叉车低。因此，三轮叉车主要适用于小吨位的室内作业。

三、车架与车桥

1. 车架

车架是整个车辆的骨架，车辆上所有的零部件都直接或间接地安装在车架上面，并使它们保持一定的相互位置。

车架支撑着车辆的大部分质量，而在车辆行驶时，它承受由各部件传来的力和力矩，当行驶道路不平时或进行作业时，它还将承受更加复杂的载荷。

车架的形式主要有边梁式、中梁式、箱式、铰接式等。在物流搬运机械中，牵引车一般使用边梁式车架，拖拉机使用中梁

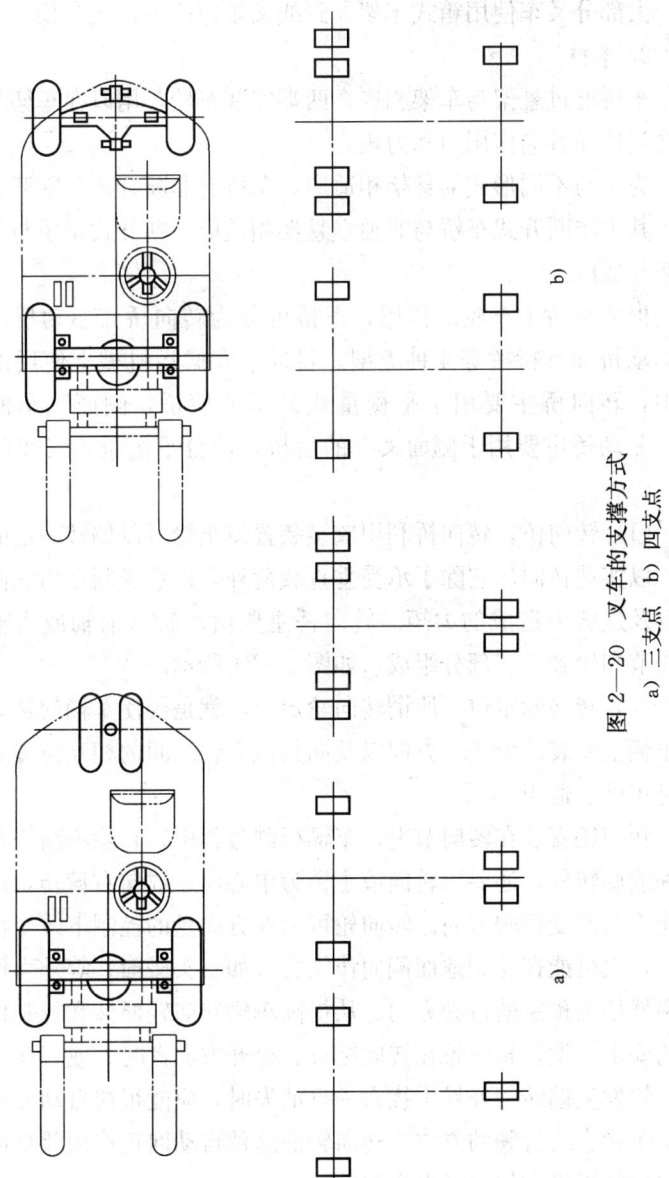

图 2-20 叉车的支撑方式
a) 三支点 b) 四支点

式,大部分叉车使用箱式车架,野战叉车使用铰接式车架。

2. 车桥

车桥通过悬架与车架相连,两端安装车轮,用以在车架与车轮之间传递各向作用力和力矩。

为了与不同形式的悬架相适应,车桥有非断开式和断开式两种。其中非断开式车桥与非独立悬架相适应,断开式车桥与独立悬架相适应。

根据车桥上车轮的作用,车桥可分为转向桥、驱动桥、转向驱动桥和支持桥等4种类型。目前,在搬运机械上使用的车桥中,转向桥主要用于平衡重式叉车的后桥,侧面叉车的前桥;驱动桥主要用于侧面叉车的后桥,部分平衡重式叉车的前桥。

(1) 转向桥。转向桥利用铰接装置使车轮可以偏转一定的角度,以实现转向。它除了承受垂直载荷外,还承受制动力和侧向力以及这些力造成的力矩。转向桥主要由车轴(前轴或后轴)、转向节和轮毂等三部分组成,如图2—21所示。

(2) 转向轮定位。所谓转向轮定位,就是要使车辆的转向轮在车辆上安装的位置、方向以及同其他车轮之间的相互位置关系保持正确、适当。

转向轮安装在转向节上,车辆行驶过程中,它除不断绕自身的轴线旋转外,还要以转向节主销为中心向左或向右偏转,这样才能不断改变行驶方向。转向轮可以在方向盘的控制下改变行驶方向,也可能在受到地面侧向作用力(如石头碰撞)等外力作用时突然偏离预定的行驶方向。从提高车辆转向轻便性和行驶稳定性的要求出发,转向轮在转向结束、松开方向盘时,或者在迫使转向轮发生偏转的外界干扰力一旦消失时,应能很快自动回到相当于车辆直线行驶的方位。转向轮的这种自动回正作用就是依靠转向轮的正确定位关系来实现的。

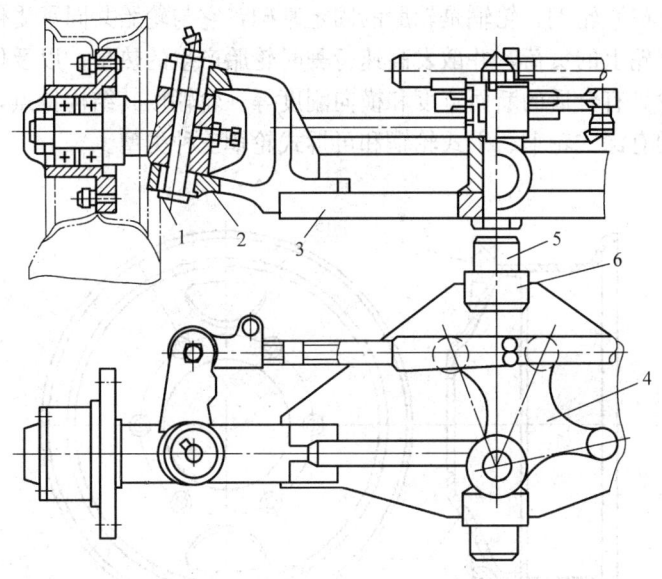

图 2—21 转向桥（刚性悬架）
1—转向节 2—转向主销 3—转向梁 4—摆板 5—支撑轴 6—轮毂

转向轮定位关系包括四大要素，即转向轮外倾、转向轮前束、主销内倾和主销后倾。由于叉车的行驶速度较低，前进与后退几乎相等，所以转向轮前束和主销后倾一般不予采用。

四、车轮

车轮由轮辋组件和轮胎组成，它是行驶系的一个重要部件，对车辆保持正常行驶起着较大的作用。它的主要功用是支持车重；保证与路面有良好的附着，传递驱动力矩、制动力矩和侧向力；确定车辆行驶方向，以及和悬架共同缓和由不平路面传来的冲击，并衰减由此而产生的振动。

1. 轮辋组件

轮辋组件是由轮辋、挡圈、锁圈、辐板等组成，如图 2—22

所示。

（1）轮辋。轮辋是轮胎的固定基础，它与轮胎共同承受作用在车轮上的负荷，并散发高速行驶时轮胎产生的热量，以及保证车轮具有合适的断面宽度和横向刚度等。轮辋按其结构特点，常见的有深式轮辋、平式轮辋和可拆式轮辋三种类型。

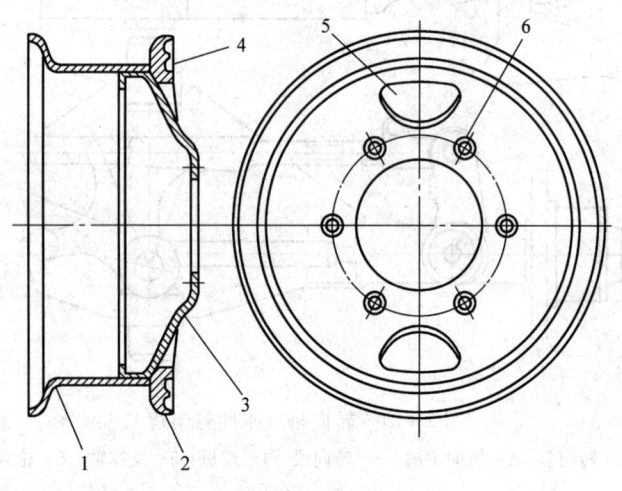

图 2—22 轮辋组件
1—轮辋 2—挡圈 3—辐板 4—锁圈 5—孔 6—锥形螺栓孔

（2）轮辐。轮辐的作用是连接轮辋和轮毂，通常有辐板式（或称辐盘式）和铸辐式两种，采用最广泛的是辐板式轮辐结构。在这种结构中，辐板可用焊接或铆接方法与轮辋连接。辐板上通常对称地开有若干大孔洞，不但可以减轻质量，而且还便于拆装和有利于制动鼓散热。在车轮装到轮毂上时，为了正确对中，车轮连接螺栓孔一般都制有锥面，使之能与车轮紧固螺母的锥面配合和对正。此外，也有用辐板的中央孔内圆柱面与轮毂上的定位凸肩相互配合来对中的。

2. 轮胎

轮胎按其结构不同，可分为实心轮胎和充气轮胎。

充气轮胎按结构组成不同，可分为有内胎和无内胎两种；按胎内的气压，可分为高压胎、低压胎、超低压胎；按胎体中帘线的排列方向，可分为普通斜线胎、子午线轮胎和带束斜交胎。

五、悬架

悬架是车架（或车身）与车桥（或车轮）之间的一切传力连接装置的总称。

1. 悬架的功用与组成

悬架的主要功用是传递力和力矩，缓和由不平路面传给车架（或车身）的冲击载荷，衰减由冲击载荷引起的承载系统的振动。悬架对车辆各种使用性能（如平顺性、操纵稳定性、牵引性、燃料经济性、通过性等）都有较大的影响。多数结构形式的悬架主要由弹性元件、减振器和导向机构三部分组成，分别起缓冲、减振和导向的作用。

2. 非独立悬架和独立悬架

根据导向装置的形式，悬架可以分成非独立悬架和独立悬架。

（1）非独立悬架。两侧车轮由一根整体式车桥相连，车轮连同车桥一起通过弹性悬架悬挂在车架下面。其特点是，当一侧车轮在横向平面内摆动时，必定会引起另一侧车轮的摆动，使车架和车身也随之摆动。

（2）独立悬架。独立悬架是指每一侧车轮单独地通过弹性悬架悬挂在车架（或车身）的下面。采用独立悬架时，车桥都制成断开式的，这样，一侧车轮的摆动不会同时引起另一侧车轮的摆动。实际上，这种悬架的大多数结构中，车桥已不再独立存在，而由导向机构所代替。

3. 弹性悬架和刚性悬架

根据弹性元件的形式，悬架又可以分成弹性悬架和刚性悬架。

(1) 弹性悬架。如图 2—23 所示，它是由板弹簧 1、U 形骑马螺栓 3、吊耳 6 等组成。由于弹性悬架吸振性能好，所以牵引车大都采用这种悬架。

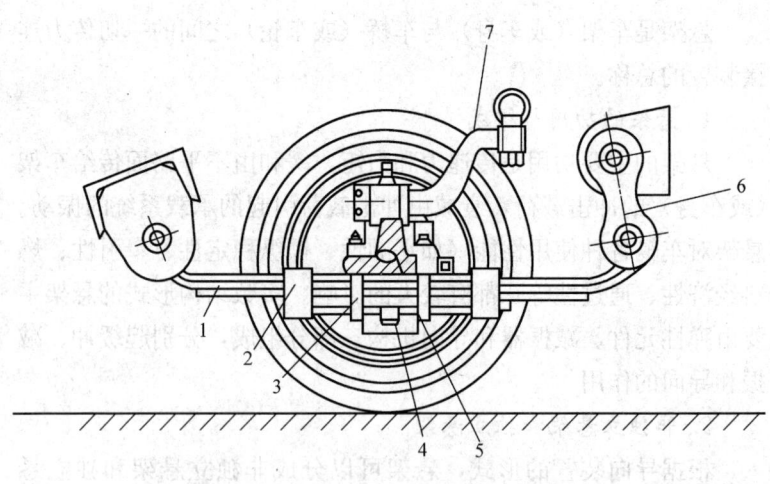

图 2—23 弹性悬架
1—板弹簧　2—钢板夹　3—U 形骑马螺栓　4—中心螺栓
5—转向梁　6—吊耳　7—转向节臂

(2) 刚性悬架。刚性悬架又称中间铰轴式或摆轴式悬架，采用这种悬架时，车桥不通过任何弹性元件，而直接与车架的支座铰接，如图 2—24 所示。由于在这种悬架系统中无弹性元件，所以由地面不平引起的冲击载荷可直接传到车体上，影响行驶性能，但因其结构简单、零件数目少、自重轻，所以国内外不论吨位大小的叉车，基本上都采用这种结构形式。

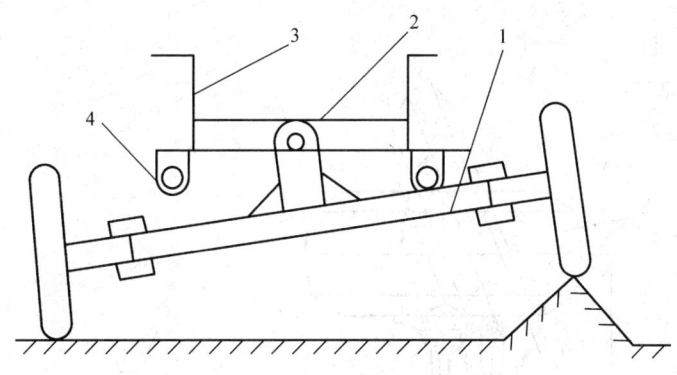

图 2—24 刚性悬架
1—转向桥 2—水平铰轴 3—车架纵梁 4—限位块

模块四 转向系统

一、作用及类型

叉车转向系的功用是稳定地保持叉车直线行驶和灵活地改变叉车行驶方向。

叉车的工作特点是作业场地和行驶通道狭窄,作业时转向频繁且转弯半径常常很小,因此要求转向装置操纵轻便,工作可靠。

叉车转向装置根据叉车的支撑方式可分为四支点(4轮)和三支点(3轮)转向方式。

二、四支点转向方式

四支点转向方式按转向能源的不同可分为机械式转向装置和动力式转向装置两种。

1. 机械式转向装置

机械式转向装置的结构如图 2—25 所示,一般情况下,叉车起升质量在 1 t 以下时,多采用构造简单的机械式转向装置。

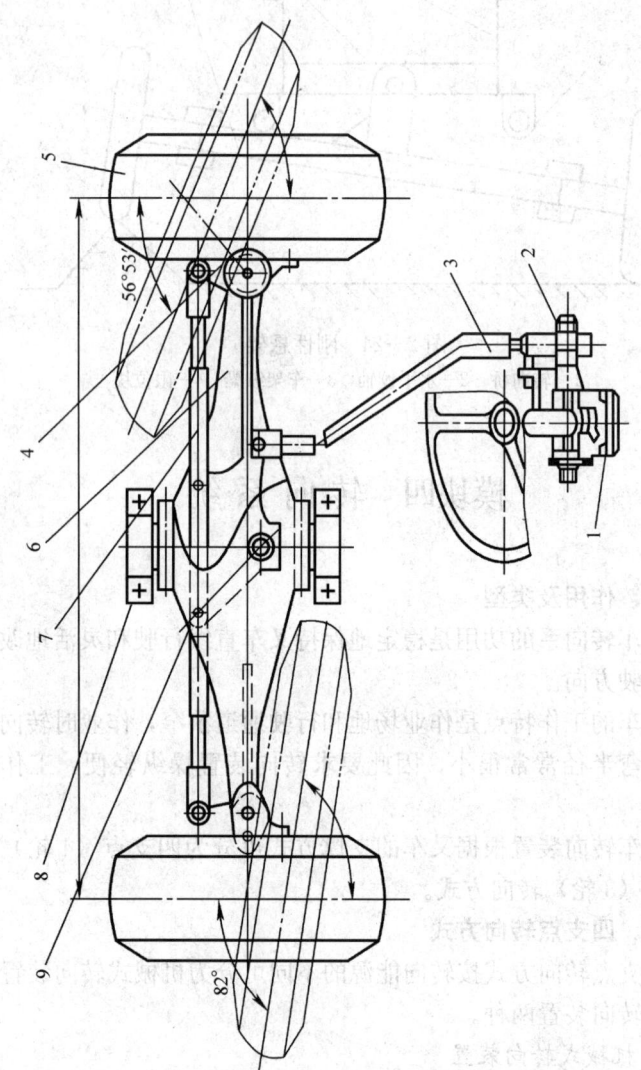

图 2—25 机械式转向装置

1—转向器 2—转向垂臂 3—纵拉杆 4—梯形臂 5—转向轮 6—转向桥 7—横拉杆 8—铰轴 9—摆板

2. 动力式转向装置

叉车工作时,转向频繁,经常需要原地转向,转向桥在满载时的负荷又很大,为了减轻驾驶员的劳动强度,一般起升质量在2t以上时,叉车都采用动力转向(液压助力转向或全液压转向)。动力转向除了具有操纵轻便的优点外,由于油液吸收地面对车轮的冲击,还能起一定的缓冲作用。动力转向作用迅速,有利于提高叉车作业的生产率。

叉车动力转向,按其动作原理(都是液压伺服机构的作用)可分两类:一类是具有机械外反馈的液压伺服转向系统,液压助力转向装置就属于这种系统。另一类是具有机械内反馈的液压伺服转向系统,全液压转向装置属于这种系统。

如图2—26所示是叉车液压助力转向装置。从图中可见,它只是在转向垂臂和扇形摇板之间平行于纵拉杆增加了一个助力油缸,其他都与非动力的机械式转向装置相同。液压助力装置由分配阀和动力油缸两部分组成。通常将分配阀的阀体和动力油缸的缸筒做成一体,这样可以选用标准的转向器。分配阀中的滑阀(阀芯)通过球头销与纵拉杆连接。动力油缸的活塞杆固定在车架上,油缸缸筒的另一端通过另一拉杆与扇形摇板相连。

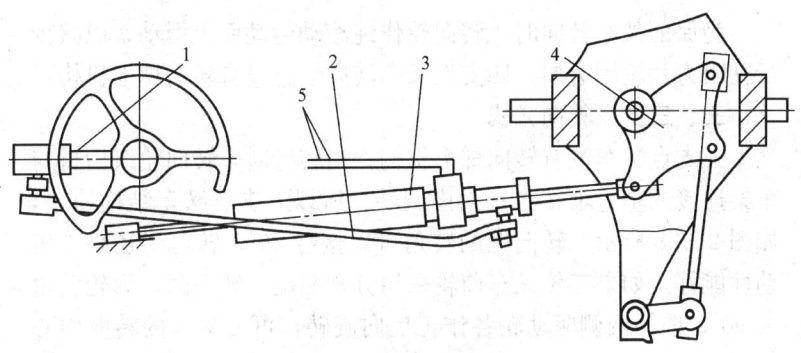

图2—26 液压助力转向装置
1—转向器 2—纵拉杆 3—助力油缸 4—转向杆系 5—高压油管

全液压转向装置根据配油装置的不同，分为摆线转阀式和摆线滑阀式两种，其中以摆线转阀式转向器应用最为广泛。摆线转阀式全液压转向装置的组成如图 2—27 所示。全液压转向装置不同于机械式和液压助力式转向装置之处，在于转向器和梯形机构之间，用液压元件代替了机械连接。

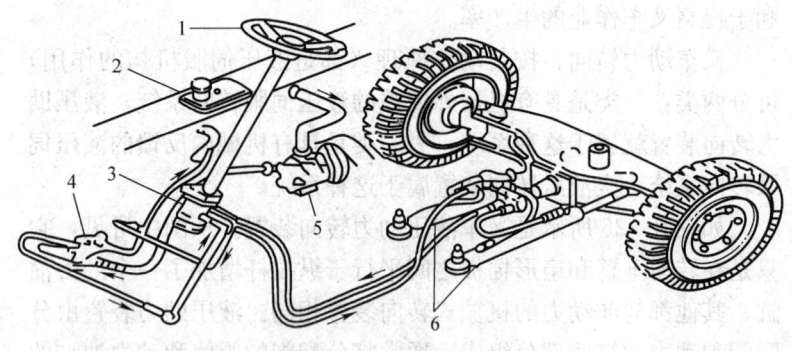

图 2—27 全液压转向装置
1—方向盘 2—液压油箱 3—全液压转向器
4—分流阀 5—液压油泵 6—转向油缸

为保证叉车转向时，转向轮作纯滚动运动而无滑动，以减少行驶阻力和轮胎磨损，四支点叉车转向装置设有转向梯形机构。

三、三支点转向方式

三支点叉车没有转向梯形机构。当转弯时，转向轮绕后桥与车架连接的垂直轴在水平面内回转，所以三支点叉车结构简单，如图 2—28 所示，转向轮的转角可以接近 90°，转弯半径小，机动性能好。如果三轮叉车前轮采用分别驱动，转向时，后轮转角为 90°，前桥两侧驱动轮各作正反向旋转，可使叉车的转向中心落在前桥中心点上，这时叉车的转弯半径可达最小值。

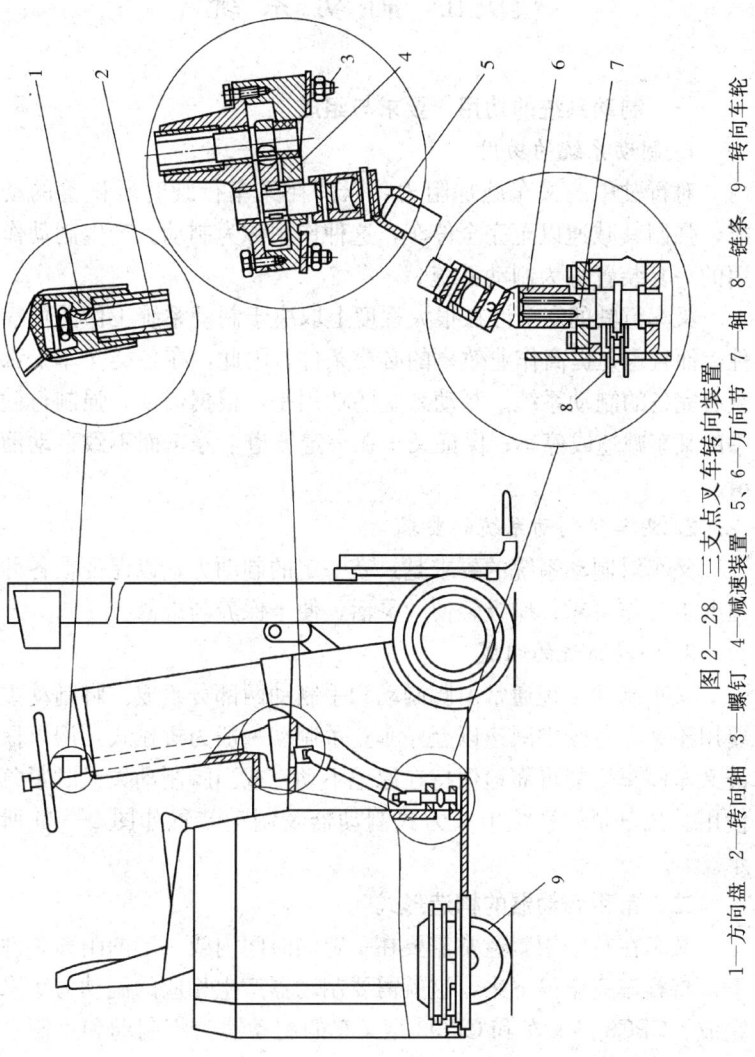

图 2-28 三支点叉车转向装置

1—方向盘 2—转向轴 3—螺钉 4—减速装置 5、6—万向节 7—轴 8—链条 9—转向车轮

模块五 制动系统

一、制动系统的功用、要求与组成

1. 制动系统的功用

对行驶中的叉车施加阻力，以消耗叉车行驶时所积蓄的动能，强制其减速以至完全停车，这种作用称为制动。产生制动作用的一套装置称为制动系统。

叉车行驶的安全性在很大程度上取决于制动系统工作的可靠性，而且也是提高作业效率的必要条件，因此，在各类叉车上都装有完备的制动系统。制动系统的功用是：根据需要，强制行驶中的叉车减速或停车；保证叉车在一定坡道上停车而不致自动溜滑。

2. 叉车对制动系统的要求

叉车对制动系统的要求是：有一定的制动力，以保证在各种情况下工作可靠；操纵轻便、灵活；便于保养与维修。

3. 制动系统的组成

叉车制动系统通常由脚制动和手制动两部分组成。脚制动主要用于叉车行驶中减速以至停车；手制动一般为机械式，用以保证叉车停车后能可靠地保持在原地不动，或当脚制动失灵时紧急使用。叉车制动系统中增力式制动器及制动装置如图2—29所示。

二、常用制动器的构造形式

叉车在行驶中，经常需要在一定的时间内或一定的距离条件下，将整车完全停下来，这就需要制动器产生相应的制动力矩来完成。CPC3型叉车和CPQ3型叉车的制动器为脚制动和手制动共同使用一个作用于前轮的自动助力蹄式制动器。它具有液压式驱动和自动调整机构，其结构原理基本上与轻型汽车的后制动总成相似。叉车制动器（行车制动器）多与驱动桥组成一体，设置于车轮处，常用制动器的构造形式有以下几种：

1. 简单非平衡式制动器

如图 2—29 所示为简单非平衡式制动器示意图，制动鼓随车轮一同旋转，制动器固定于制动底板（驱动桥壳）上，制动蹄 1、6 的一端分别由偏心销固定，另一端分别与制动轮缸（分泵）连接，并同回位弹簧连接，两个制动蹄片分别铆接或粘接上摩擦衬片，衬片与制动鼓内侧面的制动间隙一般为 0.25～0.50 mm，制动鼓外侧有观察孔，可以使用塞尺插入制动器的间隙中进行检查，若不符合制动要求时可以调整定位凸轮（图中未画出）和转动偏心销 7 进行调整。

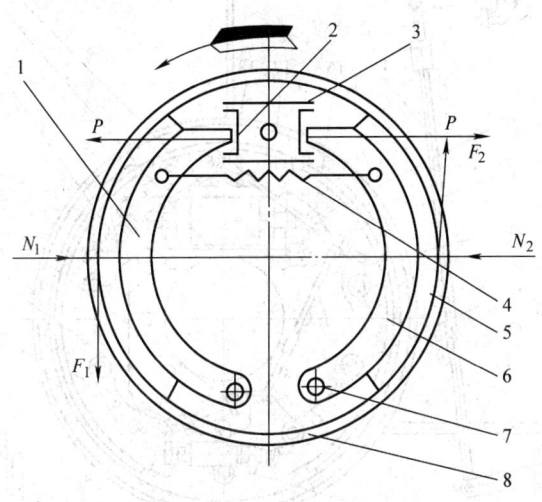

图 2—29 简单非平衡式制动器
1、6—制动蹄　2—轮缸活塞　3—制动轮缸
4—制动蹄回位弹簧　5—摩擦衬片　7—偏心销　8—制动鼓

这种结构的制动器应用较广，其优点是：结构简单可靠，制动鼓正反转时其制动效果相同，蹄片磨损后调整方便。缺点是：由于两蹄片承受的单位压力不等，如车辆经常前进运行，将使衬片磨损

不均匀,制动时因有一只蹄片是松蹄,故制动效果较差。但叉车由于前进和后退运行的机会差不多,磨损不均匀现象不太明显。

2. 自动增力式制动器

叉车上常采用的制动器是自动增力式制动器(见图2—30),

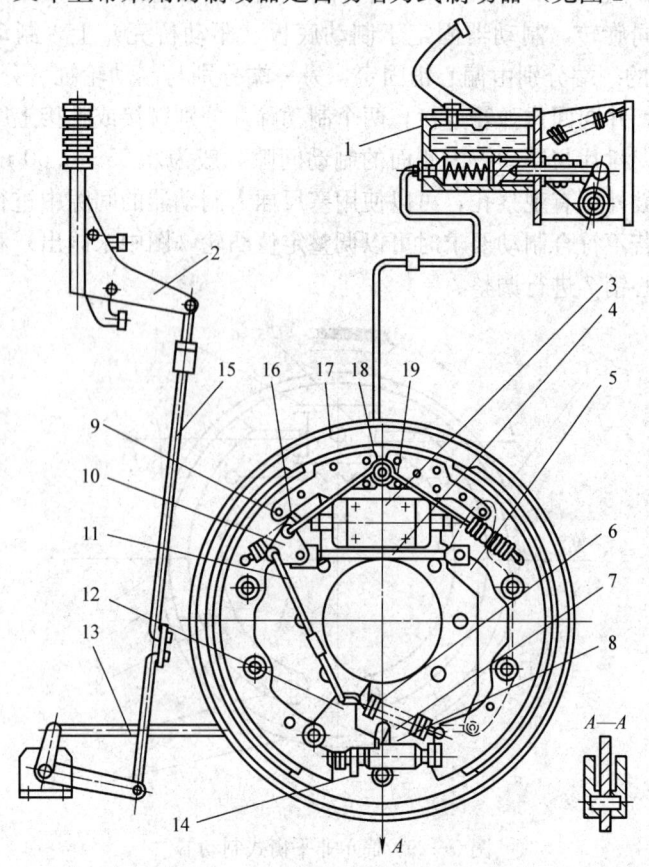

图2—30 自动增力式制动器及制动装置

1—制动总泵 2—手制动手柄 3—制动轮缸 4—手制动推杆
5、7—手制动拉杆 6—拉紧弹簧 8、15—杆
9—上拉杆 10—臂 11、13—拉杆 12—棘爪 14—轮
16、19—回位弹簧 17—制动底板 18—支撑销

这种制动器的特点在于它是手制动装置（停车制动器）和脚制动装置（行车制动器）共用的制动器，其中手制动操纵机构为机械式，脚制动操纵机构为液压式。双活塞的制动轮缸的结构与一般非平衡式制动器相同。左右两制动蹄的上端两侧都铆有夹板，其上端部都做成半圆形凹槽，并由回位弹簧拉靠在单一的支撑销上，支撑销固定在底板上。两蹄片下端则由拉紧弹簧拉靠在可调顶杆两端直槽的底平面上。可调顶杆本身是浮动的，它与底板无直接的支撑连接关系。

三、叉车常用的几种制动系统

1. 液压制动系统

叉车上常用的脚制动系统为液压制动系统，如图 2—31 所示，它主要由制动踏板、制动总泵、制动分泵、制动器及油管等

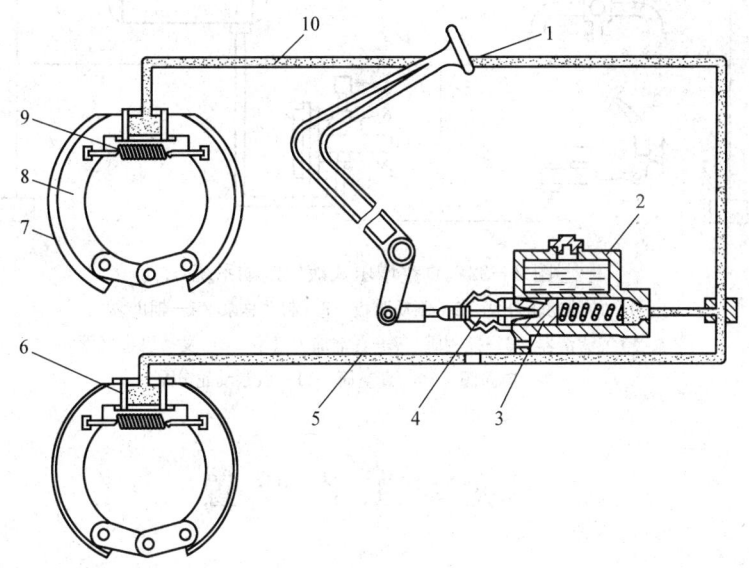

图 2—31 液压制动系统
1—制动踏板 2—制动总泵 3—活塞 4—杆 5、10—油管
6—制动分泵 7—车轮制动器 8—制动蹄 9—回位弹簧

组成。制动总泵、制动分泵及管路内均储存有制动液。当踩下制动踏板时，制动推杆推动总泵活塞，使总泵内制动液的压力增高，冲开阀门从油管流到分泵，分泵活塞向两侧推开制动蹄，使其压向制动鼓，在制动鼓上产生制动力矩。

2. 真空液压制动系统

在大吨位叉车上，为了增大制动力，可采用真空液压制动系统，它是在简单液压制动系统的基础上，加设一套以产生真空度为力源的真空加力装置而制成的。真空增压式液压制动系统如图2—32所示。

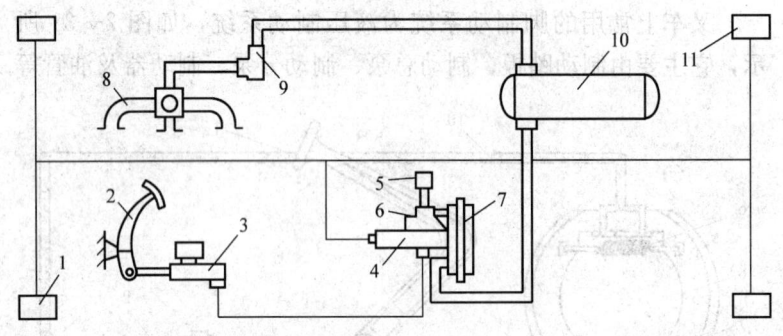

图 2—32 真空增压式液压制动系统
1—前制动轮分泵 2—制动踏板 3—制动总泵 4—辅助泵
5—空气滤清器 6—控制阀 7—真空加力气室 8—发动机进气管
9—真空单向阀 10—真空筒 11—后制动轮分泵

模块六 工作装置

一、作用、组成与原理

叉车工作部分是直接承受全部货重，完成货物的叉取、升降、装卸、堆垛等工序的工作机构。工作装置是叉车最重要的组成部分之一。

叉车工作装置主要由货叉、叉架、内门架、外门架、起升油缸、倾斜油缸、链条和滑轮等零部件组成，如图2—33所示。起升油缸是滑架升降的驱动部分，倾斜油缸使门架前后倾斜，以满足工作需要。为扩大叉车的使用范围，除货叉外，叉车还可配备多种工作属具。

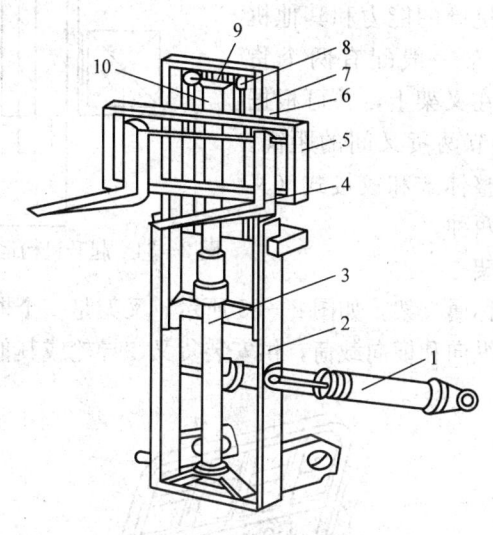

图2—33 叉车工作装置
1—倾斜油缸 2—外门架 3—起升油缸 4—货叉 5—叉架
6—内门架 7—起重链条 8—导向滑轮 9—轮架 10—活塞杆

起升机构的起重链的前端与滑（叉）架连接，中间绕过导向滑轮（链轮），后端固定在外门架的横梁上（或起升油缸缸体上），导向滑轮安装在活塞杆上端的导轮架上。这样就构成以链条为挠性件的省时滑轮组，如图2—34所示。其起升原理是：当活塞杆推动导向滑轮与内门架起升一段距离 h 时，则起重链将带动滑架及货物起升距离为 $2h$。这样，滑架和货物起升速度便是活塞杆及内门架起升速度的两倍。

二、货叉

货叉（见图 2—33）是直接承载货物的叉形构件，叉车就是由于有货叉而得名。货叉一般由合金钢 40Cr 锻成，货叉的表面要耐磨，因此货叉必须进行热处理以提高其抗磨的能力和其他机械性能。叉车一般配有两个货叉，货叉装在叉架上，并可根据作业需要调节两货叉间的距离。货叉可分为整体式和铰接式（又称折叠式）两种。

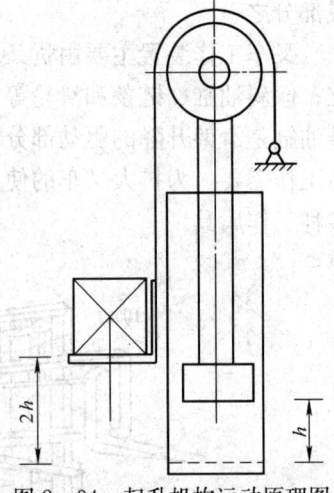

图 2—34 起升机构运动原理图

三、叉架

叉架又称属具架，如图 2—35 所示。叉架是一个框架形状的结构，承受纵向和横向载荷，供安装货叉、导轮或其他属具。起

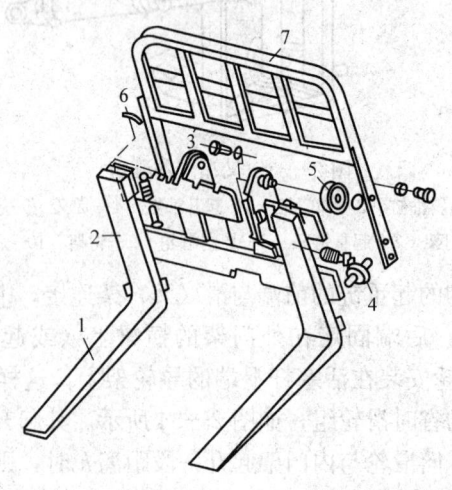

图 2—35 叉架

1—叉子 2—叉臂 3—滚轮架 4—导向滚柱 5—滚轮 6—定位销 7—挡货架

升链条的下端与它相连接,两侧各有4个滚轮,可以沿内门架的内壁上下滚动,使属具架和内门架之间的运动为滚动磨擦,并保证导轮架平稳地升降,叉架一般由型钢焊成。其上面装有挡货架,挡货架增加了货物在货叉上的稳定性,以防止货物脱落。叉架由上、下横梁,挡货架及导轮架等部分组成。

四、叉车门架

叉车门架由内门架和外门架组成,是由两个垂直支柱和上横梁焊接而成,如图2—36所示。外门架的立柱大多是用特制的槽钢制成的;内门架立柱的截面形状较多,有槽形、工字形和其他异形形状。根据门架排列的形式不同,叉车门架分为并列式(又称滚动式)和重叠式(又称滑动式)两大类。当内门架并列于外门架的内侧时称为并列式;当内门架立柱置于外门架立柱之内,内、外门架立柱重叠时,这种门架形式为重叠式。门架位于叉车前部,门架宽度越大,驾驶员的视野也就越好。在外门架尺寸相同的条件下,重叠式门架立柱与起升油缸之间的间隙大,因而驾

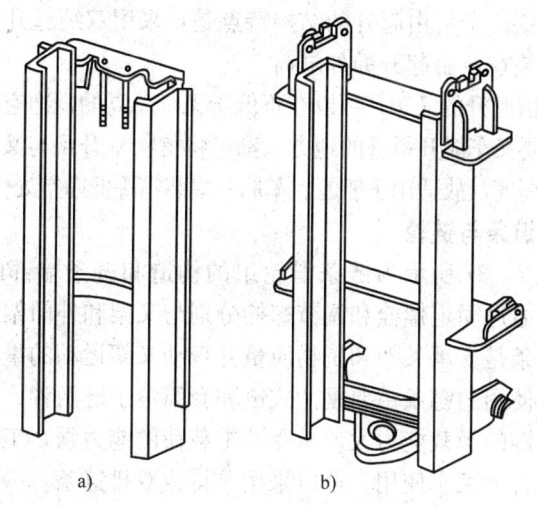

图2—36 叉车门架
a) 内门架 b) 外门架

驶员的视野比并列式门架好，但其升降阻力大；而并列式内门架则以滚轮沿外门架内壁滚动，其运动阻力比重叠式小。因此，重叠式门架已逐渐被并列式门架代替。

根据内门架起升时与柱塞（或活塞杆）的相对位置关系，门架还可分为无自由起升式和有自由起升式两种。在无自由起升式的门架中，当柱塞（或活塞杆）开始动作时，内门架便立即同柱塞（或活塞杆）一起上升，直至升到最高位置时为止。自由起升式还分为部分自由起升式和全自由起升式两种。在部分自由起升门架中，当柱塞（或活塞杆）起升一段距离 S 后，内门架才开始起升（因为导轮架上端面与内门架上横梁间存在一段距离 S)，此时货叉已起升一定高度 $H=2S$，这个高度称为自由起升高度。此自由起升高度虽然不大，但这样可以使叉车在行驶时，保持叉架稍离地面而内门架不升起，使叉车门架以较低的高度出入库门和车门。目前多数叉车都采用这种起升形式。在全自由起升的门架中，当叉架沿内门架移动全部行程时，内门架静止不动，叉车总高度不变。全自由起升的结构特点是：采用双级起升油缸，而且滑轮安装在自由起升的外缸筒上。

全自由起升的叉车，可以在不低于叉车总高的低净空进行装卸作业。只要叉车能开得进的地方，都可将货物举升到与叉车总高大致相同的高度，故适用于船舱、车厢、集装箱等低净空处作业。

五、链条与链轮

如图 2—37 所示为链条滑轮组的构造和链条端部的连接方式，链条通过固定螺栓和调节螺栓分别与叉架和外门架相连。叉车起升链条是支承叉架和货物质量并带动叉架运动的重要挠性构件。叉车使用的链条主要是片式链和套筒滚子链两种。片式链比套筒滚子链的承载能力大，承受冲击载荷的能力强，工作更为可靠，更适合于叉车使用。可以采用单排或双排链条。一般单排链条对司机视线较为有利，双排链条稳定性较好，门架受力均匀，但对驾驶员的视线稍有影响。

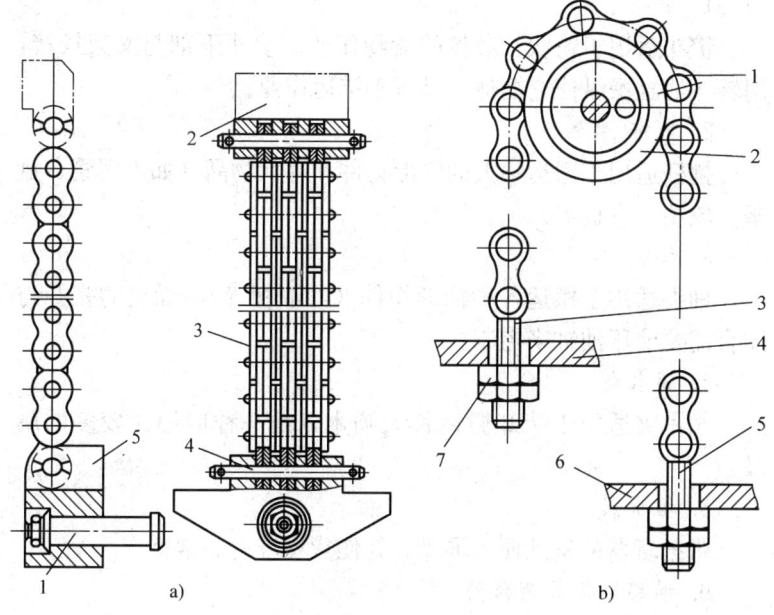

图 2—37 链条滑轮组

a）片式链

1—活节轴 2—上搭扣 3—链片 4—销轴 5—下搭扣

b）套筒滚子链

1—链条 2—滑轮 3—调节螺栓 4—链条固定板

5—固定螺栓 6—叉架 7—调节螺母

链轮一般安装在起升油缸柱塞或活塞杆的顶部，其作用是支承链条，并改变链条的走向。

六、叉车属具

在通常的情况下，使用货叉利用托盘进行装卸作业基本上能满足要求。但对于一些特殊货物只使用货叉作业则将影响工作效率和作业安全。为满足特殊货物的作业要求，配置了一些专用的叉车附属用具。简单的属具可直接安装在叉架上，复杂的属具还需配置液压机具等。下面介绍几种常用的叉车属具。

1. 铲斗

铲斗适用于粉状、散粒的货物作业。铲斗下部与叉架铰接，用转斗油缸操纵使它摆动，以适于铲运作业。

2. 挑杆

挑杆适用于搬运较大的管形物件和环状物品（如水泥管、盘条、轮胎、卷板等）。

3. 桶夹

桶夹适用于搬运各种桶形物件（如油桶等）。桶夹的张开与闭合需要液压油缸来控制。

4. 圆木夹

圆木夹适用于装卸搬运长大圆木，是一种应用比较多的属具。

5. 推货器

带推货器的货叉便于堆垛、并使货垛堆得非常整齐。

6. 横移货叉或侧移器

宜于驾驶员作业的可横移货叉或侧移器，可以由液压油缸推动实现横向移动，因而能准确将货物堆放在所需位置上。

上述六种叉车属具如图 2—38 所示。

除以上几种属具外，叉车还可装配称量装置、翻箱器、四用属具、能转动的属具、吊杆、集装箱吊具、载荷稳定器等。

七、叉车对工作装置的安全要求

1. 门架不得有变形和焊缝脱焊现象，内、外门架的滚动间隙应调整合理，不得大于 1.5 mm，滚轮转动应灵活，滚轮及轴应无裂纹、缺陷。轮槽磨损量不得大于原尺寸的 10%。

2. 两根起重链条张紧度应均匀，不得扭曲变形，端部连接牢靠，链条的节距不得超出原长度的 4%，否则应更换链条。链轮转动应灵活。

3. 货叉架不得有严重变形，焊缝脱焊现象。货叉表面不得有裂纹、焊缝开焊现象。货叉根角不得大于 93°，厚度不得低于

图 2—38 常用叉车属具

a) 铲斗 b) 挑杆 c) 桶夹 d) 圆木夹 e) 推货器 f) 侧移器

原尺寸的 90%。左、右货叉尖的高度差不得超过货叉水平段长度的 3%。货叉定位应可靠，货叉挂钩的支承面、定位面不得有明显缺陷，货叉与货叉架的配合间隙不应过大，且移动平顺。

4. 起升油缸与门架连接部位应牢靠，倾斜油缸与门架、车架的铰接应牢靠、灵活，配合间隙不得过大。油缸应密封良好，无裂纹，工作平稳。在额定载荷下，10 min 后门架自沉量不大于 20 mm，倾角不大于 0.5°。满载时起升速度不应低于标准值的一半。

5. 护顶架、挡货架须齐全有效。

模块七　液压装置

一、液压系统组成

叉车液压系统一般由以下四部分组成，如图 2—39 所示。

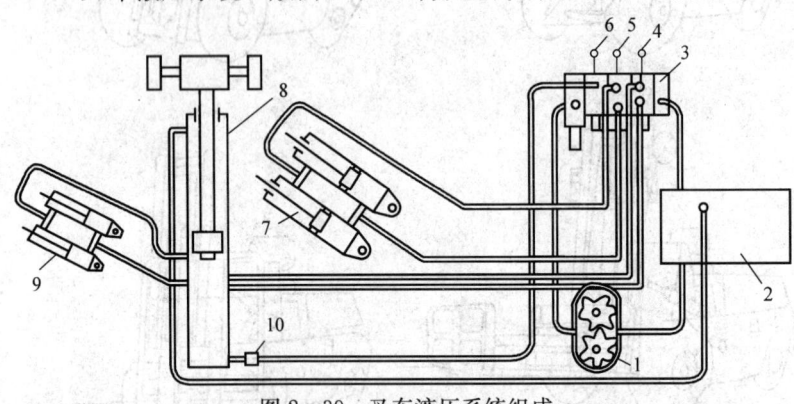

图 2—39　叉车液压系统组成

1—齿轮泵　2—油箱　3—多路换向阀　4—属具阀杆　5—倾斜阀杆　6—起升阀杆
7—倾斜油缸　8—起升油缸　9—属具油缸　10—单向节流阀

1. 动力装置

液压系统的动力装置是液压泵，用以将机械能转变成液体的压力能。

2. 执行装置

液压系统的执行装置是油缸或液压马达,它们把液体的压力能转变成机械能,并输出到工作装置上去。

3. 操纵装置

操纵装置包括方向阀、压力阀和流量阀等液压元件,用以控制和调节液流的方向、压力、流量,以满足叉车工作性能的要求,并实现各种工作循环。

4. 辅助装置

辅助装置包括油箱、油管、管接头、滤清器及液压表等。

二、液压系统工作原理

小吨位叉车通常只有一套液压系统,只供工作装置的起升油缸和倾斜油缸工作。起升质量在 2 t 以上的叉车一般才设有第二套液压系统,用于叉车的液压转向(动力式转向)系统,以减轻驾驶员驾驶的疲劳。

为了说明叉车液压系统的工作原理,现以图 2—40 为例,讨论其液压系统原理。

叉车工作装置液压系统和转向液压系统共用一个油箱和一个液压泵。油箱内装有永久磁铁和滤清器,以保证工作油液的清洁。油泵由内燃机驱动,当油泵转速为 2 400 r/min 时,额定压力为 17.5 MPa。叉车正常作业时,工作压力为 9 MPa,该压力由多路换向阀中的安全(卸荷)阀限定。

工作装置液压系统除油箱和油泵外,还有多路换向阀、单向限速阀、升降和倾斜油缸以及管路等组成部件。

多路换向阀由两个三位六通手动换向阀、一个安全(卸荷)阀、一个单向阀组成。其中一个手动换向阀是用来控制起升油缸工作的;另一个手动换向阀是用来控制倾斜油缸工作的。安全阀是卸荷阀,兼起溢流作用,当起升质量超限或起升油缸到达极限位置,液压系统压力猛增而超过安全压力时,安全阀自动打开,

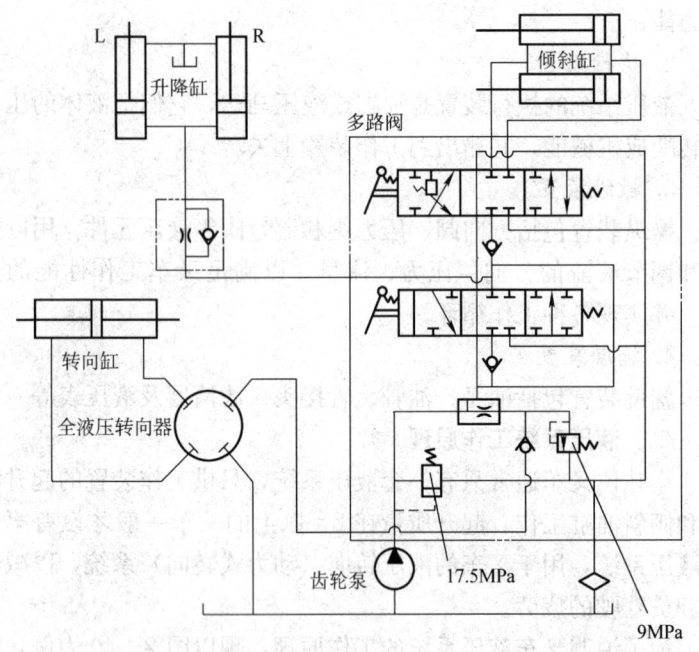

图 2—40 液压系统油路

部分油液溢流,沿管路回到油箱,当起升和倾斜油缸不工作时,安全阀作卸荷阀用,使工作系统的液压力只有 196～294 kPa,油泵消耗动力很少。当油泵、内燃机或管路出现故障时,由于单向阀的锁止作用,也不致使货物从高处在自身重力作用下立即下降。

单向限速阀的作用是限制升降油缸的下降速度。当油缸举升时,压力油经单向限速阀的单向阀进入油缸,当货物(或滑架)在自身重力作用下降时,节流阀限速,使货物安全降落。

升降油缸为单作用活塞式油缸,主要由缸体、活塞、活塞杆、缸盖、链轮等组成,单向限速阀装在缸盖上。

倾斜油缸为双作用活塞式油缸,调整活塞杆的长度,可使门架的前后倾斜角度符合工作要求。

转向液压系统除油箱和油泵外，还有分流阀、液压动力转向装置（包括液压转向器和执行油缸等）、管路等组成部分。

叉车作业时，通过升降手柄和前后倾手柄使多路换向阀中的滑阀移动，改变液压油的流动方向，来控制升降油缸和门架倾斜油缸，从而实现滑架升降和门架倾斜。两个倾斜油缸的同侧油缸的管路相通，以实现两个油缸的同步工作。

三、液压系统的安全要求

1. 液压系统管路接头牢靠、无渗漏，与其他机件不磨碰，橡胶软管不得有老化、变质现象。

2. 液压系统中的的传动部件在额定载荷、额定速度范围内不应出现爬行、停滞和明显的冲击现象。

3. 多路换向阀壳体无裂纹、渗漏；工作性能应良好可靠；安全阀动作灵敏，在超载 25％时应能全开，调整螺栓的螺母应齐全紧固。操作手柄定位准确、可靠，不得因振动而变位。

4. 载荷曲线、液压系统铭牌应齐全清晰。

模块八 电气系统

内燃叉车的电气系统主要由电源系、起动系、点火系（汽油机用）、照明、信号、仪表及电气总线等组成。下面以 CPCD5 型和 CPCD6 型叉车的电气系统为例进行简单介绍，各电气设备的具体构造和工作原理可参考汽车电气相关内容。CPCD5 型和 CPCD6 型号叉车的电气系统采用直流 24 V 电源，负极搭铁，用电设备并联，单线制线路。

一、起动电路

起动电路及起动机结构示意图如图 2—41 所示。

当电源接通时，起动机上的电磁继电器动作，推出齿轮与发动机齿圈啮合而使发动机起动。

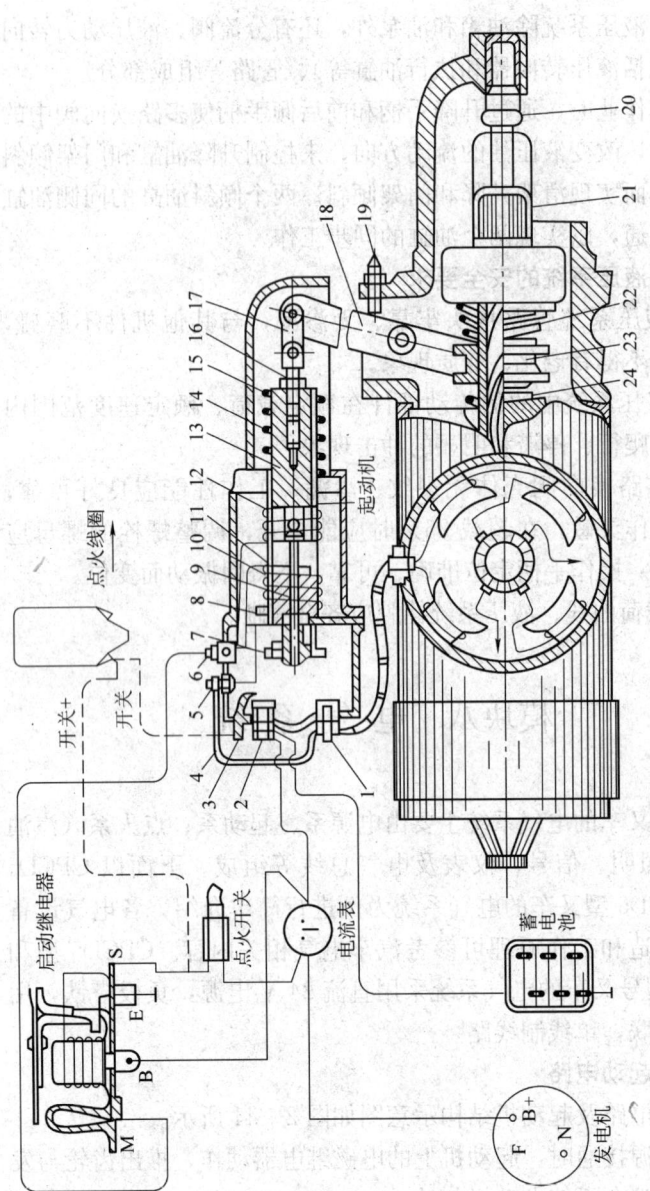

图 2—41 起动电路及起动机结构示意图

1、2—电动机开关接线柱 3—点火线圈附加电阻短路开关接线柱 4—导电片 5—吸引线圈尾端接线柱 6—吸引、保持线圈共用接线柱 7—触盘 8—挡板 9—推杆 10—固定铁心 11—吸引线圈 12—保持线圈 13—引铁 14—回位弹簧 15—螺杆 16—锁紧螺母 17—连接片 18—拨叉 19—调整螺钉 20—限位环 21—驱动齿轮 22—啮合弹簧 23—滑套 24—缓冲弹簧

使用注意事项：每次预热起动通电时间不超过 30 s；起动机每次起动时间不超过 10 s；两次起动之间的间隔最少为 30 s 以上；当发动机一开始工作，应立即将预热起动开关复位，使起动机齿轮回到原来的位置。

二、发电机电路及蓄电池

1．发电机电路

发电机电路如图 2—42 所示，发电机结构如图 2—43 所示。

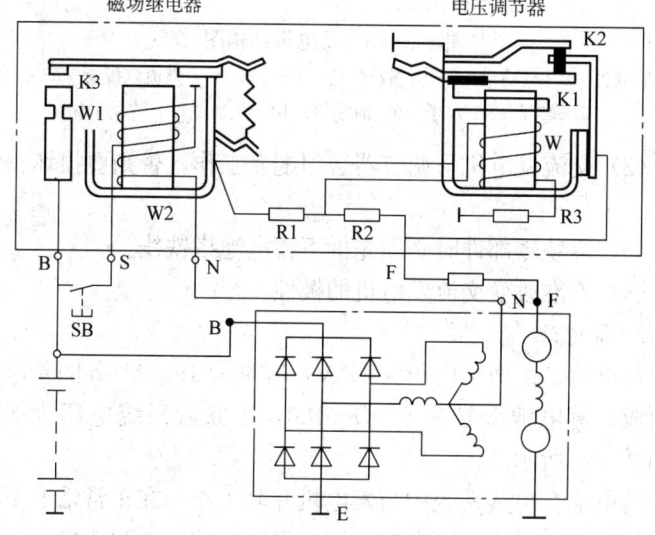

图 2—42　发电机电路

W1—启动线圈　W2—维持线圈　W—电压调节器线圈
S—电源开关　SB—按钮　K1、K2、K3—触点
R1—加速电阻器　R2—调节电阻器　R3—温度补偿电阻器

本叉车所采用的 JF23A 型发电机是硅整流交流发电机，FT211 型调节器是振动式电压调节器。

使用注意事项：

（1）蓄电池负极搭铁，故交流发电机上的"电枢"端不准搭铁，同时交流发电机运转时不准将"电枢"端开路。

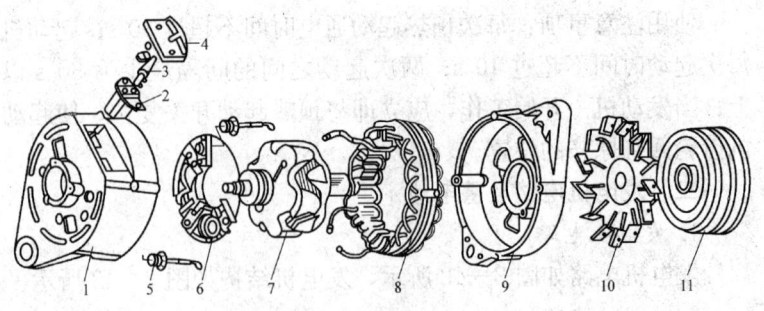

图 2—43 发电机结构图
1—后端盖 2—电刷架 3—电刷及弹簧 4—盖板 5—整流二极管 6—元件板
7—转子 8—定子 9—前端盖 10—风扇 11—传动带轮

(2) 交流发电机与调节器必须配套工作，否则要损坏整流元件。

(3) 拆装零部件时必须先拆下蓄电池搭铁线。

(4) 不准改变交流发电机的极性。

2. 蓄电池

蓄电池是由两个电压为 12 V，容量为 150 A·h 的蓄电池串联而成，蓄电池型号为 6—Q—150，串联后系统电压为 24 V，如图 2—44 所示。

蓄电池在电气系统中与发电机并联工作，在正常情况下，发电机的输出电压高于蓄电池电压，发电机向蓄电池充电；当发动机低速工作或停止工作，发电机的输出电压低于蓄电池电压，此时蓄电池向整个电气系统供电。

使用注意事项：

(1) 经常保持电解液液面高度在规定范围内，电解液液面高度必须高出极板 10～15 mm，不足时只准加蒸馏水。缺水不但使蓄电池容量下降，同时使极板外露部分很快产生硫酸化。

(2) 测量电解液密度。本叉车所使用蓄电池的原始电解液密度在 15℃时为 1.285 g/cm³。当测量电解液密度时，一定要注意

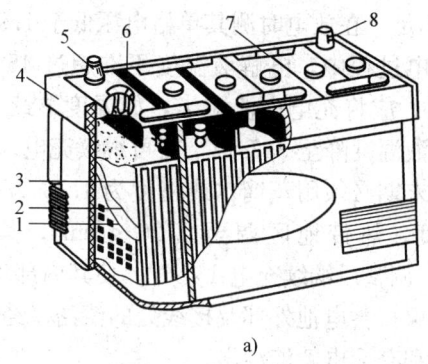

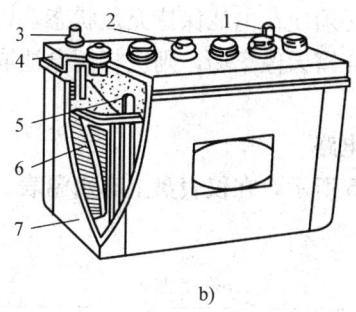

图 2—44 蓄电池的外形与结构图
a）橡胶外壳蓄电池
1—负极板 2—隔板 3—正极板 4—外壳
5、8—正负极柱 6—加液孔塞 7—连接条
b）塑料外壳蓄电池
1、3—正负极柱 2—加液孔塞 4—盖 5—连接条 6—极板组 7—外壳

电解液的温度。因为电解液温度每升高 1℃，电解液密度就要降低 0.000 7 g/cm³。反之电解液温度每降低 1℃，密度就要增加 0.000 7 g/cm³。当电解液温度不等于 15℃ 时，对测得的电解液密度必须加以修正。

（3）在下列情况下须进行充电：

1）电解液密度降至 1.19 g/cm³ 以下时。

2）灯光暗淡。

3）电压不足，在放电时测其单格电压低于 1.9 V。

(4) 在充电过程中，电解液温度不准超过 45℃，当电解液温度达 40℃时，应将充电电流减半，如温度继续上升，则停止充电，待电解液温度降至 35℃以下时可继续充电。

(5) 充电末期必须用蒸馏水或密度为 1.49 g/cm^3 的硫酸调整电解液密度，热带地区调至 1.26 g/cm^3，其他地区调至 1.285 g/cm^3。调整后继续充电 1 小时，使其内部均匀一致。

(6) 经常保持蓄电池外部及接线处的清洁，经常检查蓄电池外壳有无裂纹和有无电解液渗出。

(7) 冬季必须使蓄电池保持充足状态，以防电解液结冰。如叉车长时间放在露天停车场，则应将蓄电池取下，放在温度高于 0℃的室内。

三、仪表电路

如图 2—45 所示，在仪表盘上有水温表、机油压力表、燃油表、电流表等。

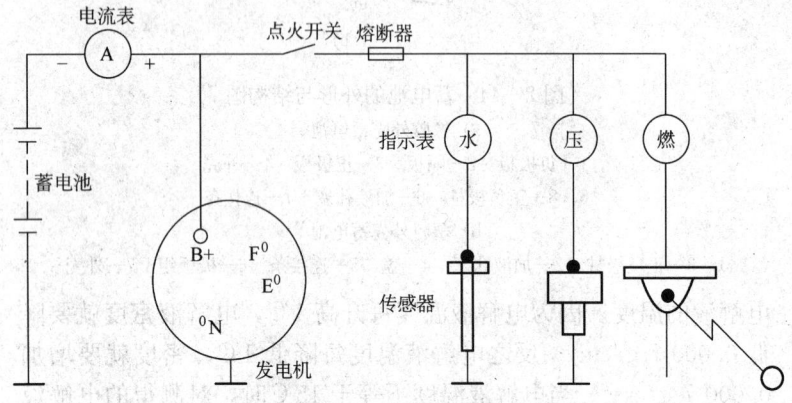

图 2—45　仪表电路图

机油压力表为直接感应式，用于检查发动机润滑系统的油压。叉车在正常运转过程中，机油压力应为 2～4 kg/cm^2。

水温表为直接感应式，用于测量汽缸盖水套的水温，正常指示的水温应为 80～90℃。

电流表为电磁式，串联在充电电路内，用来测量蓄电池充电或放电的电流值。它的刻度盘为中央 0 点式，量程为 30 A，在表盘上有"＋""－"标记，"＋"表示充电，"－"表示放电。

燃油表为电磁遥控式，能近似地表示燃油箱内燃油的存储量。该表是由位于仪表盘上的燃油指示表及装在燃油箱上的燃油传感器所组成。燃油表刻度盘上有三个数：0、1/2、4/4，其意义分别为"空""半""满"。

四、电气设备线路总图

电气设备线路总图，如图 2—46 所示。

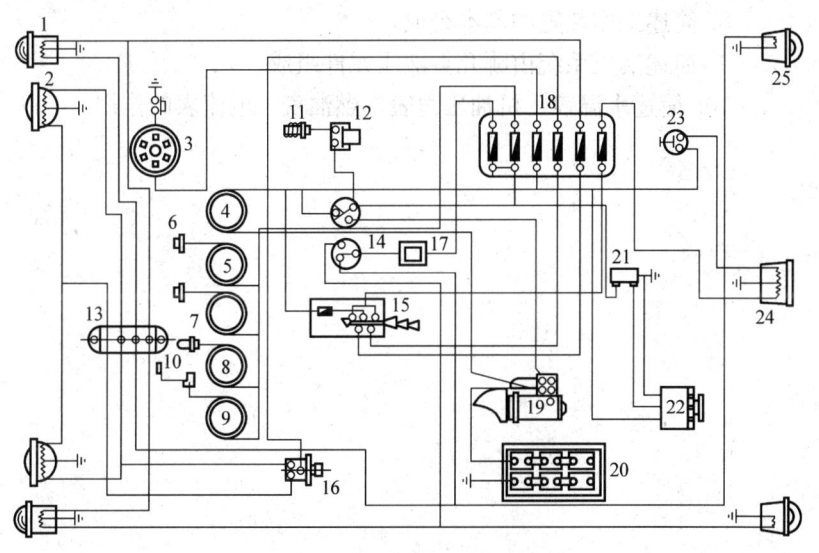

图 2—46　电气设备线路总图
1—前小灯　2—前大灯　3—蜂鸣器　4—电流表　5—机油表
6、10—传感器　7—水温传感器　8—水温表　9—燃油表
11—预热塞　12—起动与预热开关　13—接线板　14—转向灯开关
15—照明灯开关　16—变光开关　17—断续器　18—熔断器
19—起动电动机　20—蓄电池　21—电压调节器　22—发电机
23—制动灯开关　24—制动牌照灯　25—转向灯

习 题

1. 简述发动机的定义。
2. 简述发动机的种类。
3. 发动机由哪几大系统组成?
4. 简述传动系统的作用及类型。
5. 简述行驶系统的作用及类型。
6. 简述转向系统的作用及类型。
7. 简述制动系统的作用及类型。
8. 简述工作装置的基本组成。
9. 简述液压系统由哪几类液压元件组成。
10. 简述水温表、机油压力表、燃油表、电流表的作用。

单元三　内燃叉车的操作技术

模块一　安全操作规程

一、操作规程

为加强叉车操作的安全，特制订本安全操作规程。

1. 人员

（1）驾驶叉车的人员必须经过专业培训，通过安全生产监督部门的考核，取得特种操作证，并经公司同意后方能驾驶，严禁无证操作。

（2）严禁酒后驾驶，行驶中不得饮食、闲谈、打手机和用对讲机对话等。

2. 起动

（1）车辆起动前，检查起动、音响信号、蓄电池电路、运转、制动性能、货叉、轮胎，使之处于完好状态。

（2）当有机械问题的时候，不能自己进行修理，应关掉叉车并告知机械修理人员。

（3）起步时要查看周围有无人员和障碍物，然后鸣号起步。

（4）叉车在载物起步时，驾驶员应先确认所载货物平稳可靠。起步时须缓慢平稳。

3. 行驶

（1）叉车在运行时，不准任何人上、下车，货叉上严禁站人。确实需要叉车辅助人员工作时，应配有专用于叉车的吊笼，货叉应叉入吊笼下面专用的固定槽中。

1) 在吊笼中工作的人员，数量不超过 2 人，必须佩戴安全帽，系好安全带，所有工具装在工具袋内，以免掉落。

2) 在吊笼高空作业过程中，如果高空作业性质为盘点、贴标签等基本无危害的工作，叉车驾驶员不要离开叉车，以便及时提供协助。

3) 在吊笼高空作业过程中，如果是维修灯具、管路等需要使用金属工具的工作，叉车驾驶员可以选择戴好安全帽，坐在驾驶室协助；也可以选择离开叉车驾驶室，在叉车周围 8～10 m 之内戴好安全帽作安全监护，提示行人绕行以及警告无关人员不得操作叉车。

（2）除装卸货外，叉车必须靠右边行驶。

（3）空载时货叉距地面 50～150 mm；载货行驶时货叉离地高度不得大于 500 mm，起升门架须后倾到限。

（4）如遇前面有人，应当按喇叭提示行车路线。

（5）应与其他叉车保持三台自身叉车长的安全距离，叉车会车时除外。

（6）在交叉或狭窄路口，应小心慢行，并减速鸣号随时准备停车。

（7）进出作业现场或行驶途中，要注意上空有无障碍物刮撞。非紧急情况下，不能急转弯和急刹车。

（8）在斜道上行驶时，应注意以下事项：

1) 空车上、下斜坡。如果在斜坡上空车行驶，需要倒退上坡，货叉向前行驶下坡。这样重心会落在前轮上。

2) 载货时上、下斜坡。如果在斜坡上载货行驶，需要货叉向前行驶上坡，倒退行驶下坡。这样重心也会落在前轮上，任何情况下都不允许在斜坡上掉头。

（9）叉车原则上不准超车，但要超越停驶车辆时，应减速鸣号,注意观察,防止该车突然起步或有人从车上跳下。

4. 作业

(1) 严禁超载、偏载行驶。

(2) 装卸货物时,即货叉承重开始至承重平稳以及相反的过程期间,必须刹车。

(3) 作业速度要缓慢,严禁冲击性地装载货物。

(4) 遵守"七不准"

1) 不准将货物升高做长距离行驶(高度大于 500 mm)。

2) 不准用货叉挑翻货盘和利用制动惯性溜放的方法卸货。

3) 不准直接铲运危险品。

4) 不准用单货叉作业。

5) 不准利用惯性装卸货物。

6) 不准用货叉带人作业,货叉举起后货叉下严禁站人和进行维修工作。

7) 不准用叉车去拖其他车,如确实需要叉车牵引,则需经过行政组织审批同意。

(5) 停车后禁止将货物悬于空中,卸货后应先将货叉降至正常的行驶位置后再行驶。

(6) 叉载物品时,货物质量应平均分担在两货叉上,货物不得偏斜,物品的一面应贴靠挡货架。小件货物应放入集物箱(板)内,防止掉落。叉车所载物品不得遮挡驾驶员视线,如出现遮挡驾驶员视线时应倒车缓慢行驶,如遇上坡则不应倒车行驶,应有一人在旁指挥货叉朝上前进。

(7) 货叉在接近或撤离物品时,车速应缓慢平稳,注意车轮不要碾压物品、垫木(货盘)和叉头,不要刮碰物品扶持人员。

(8) 叉车在起重升降或行驶时,禁止任何人员站在货叉上把持物件或起平衡作用。叉车叉物升降时,货叉范围半径 1 m 内禁止有人。

(9) 搬运影响视线的货物或易滑的货物时,应倒车低速行驶。

(10) 运货上货柜车前,应先观察货柜车与发货台是否靠紧,货车车轮是否按规定将三角木垫好,车厢里是否有人,估计货车的承重能力和货车与踏板的倾斜度,确认安全后再进行装卸。

(11) 发现或损坏货物、设施要如实上报。

(12) 为了保护驾驶人员,叉车装备有头顶保护装置。驾驶人员的身体包括手和脚都应该在保护范围之内。

5. 停车

(1) 尽量避免停在斜坡上,如不可避免,则应取其他可靠物件塞住车轮,拉紧手刹并熄火。停放时应将货叉降到最低位置,拉紧后刹车,切断电路,并不能停放在纵坡大于5%的路段上。

(2) 不能将叉车停在紧急通道、出入口、消防设施旁。

(3) 叉车暂时不使用时应关掉电源,拉刹车。

6. 充电

(1) 使用充电器时,要选用与叉车配套的充电器,要轻拿轻放。

(2) 充完电后,应先关掉电源,再拉出充电器插头,并将充电器挂好,严禁随意放在地上。

7. 维护

(1) 发现叉车有不正常现象,应当立即停车检查。

(2) 严禁在叉车起动的情况下进行维修、装拆零部件。不能自行维修叉车和装拆零部件。

(3) 严格按照公司的叉车保养、维修规程进行维修保养。

8. 意外

如遇到意外,应该做到:

(1) 紧伏到方向盘上或操作手柄上,并抓紧方向盘或操作手柄。

(2) 身体靠在叉车倾倒方向的反面。

(3) 注意防止损伤头部或胸部,叉车翻车时千万不能跳车。

二、操作检查制度

为加强叉车操作的安全,必须严格执行操作检查制度。

1. 叉车作业前,应检查外观,加注燃料、润滑油和冷却水。

2. 检查起动、运转及制动性能。

3. 检查灯光、音响信号是否齐全有效。

4. 叉车运行过程中应检查压力、温度是否正常。

5. 叉车运行后应检查外泄漏情况并及时更换密封件。

模块二 操纵机构和仪表

一、位置及名称

内燃叉车操纵机构和仪表的位置及名称如图3—1所示。

二、功能及使用方法

内燃叉车操纵机构和仪表的功能及使用方法见表3—1。

表3—1 内燃叉车操纵机构和仪表的功能及使用方法

序号	名称	功能	使用方法
1	停车拉钮	控制发动机熄火	拉出则发动机熄火
2	油门踏板	控制车速	根据踩下踏板程度,车速可快或慢
3	脚刹车踏板	控制行驶制动	踩下踏板即可

续表

序号	名称	功能	使用方法
4	离合器踏板	控制动力切断与传递	踩下动力断开,松开动力接通
5	脚踏变光开关	控制大小远近灯光	控制开关在三个位置上停留,可控制大小远近灯光
6	电流表	表示蓄电池充、放电	打开点火开关即可观察
7	燃油量表	表示油箱燃油量	打开点火开关即可观察
8	点火开关	接通控制回路电源	插入钥匙,左、右旋转即可
9	机油压力表	表示发动机机油压力	发动机运行后即可观察
10	水温表	表示发动机冷却水水温	发动机运行后即可观察
11	转向灯开关	供给转向灯电源	手柄向上或向下
12	总灯开关	控制照明电路	左、右旋转或向上、向下按压即可
13	方向盘	控制叉车转向	右旋转右转,左旋转左转
14	手刹车手柄	控制坡道停车	向后拉动即可制动
15	起升油缸手柄	控制叉车升降	向前扳动货叉上升,向后扳动货叉下降
16	倾斜油缸手柄	控制门架前后倾斜	向前扳动门架前倾,向后扳动门架后倾
17	属具手柄	控制属具动作	向前、向后(或左、右)扳动即可控制属具动作
18	换向操纵手柄	控制叉车前后退	向前扳动则前进,向后扳动则后退
19	变速操纵手柄	控制变速箱各挡位	向前、向后(或左、右)扳动即可选择变速箱各挡位

续表

序号	名称	功能	使用方法
其他操纵机构和仪表	计时表	计量发动机工作时间	打开点火开关即可观察
	蜂鸣器按钮	报警	手按即响
	指示灯	表示电路接通	打开电源总开关即亮
	电压表	表示蓄电池电压	打开点火开关即可观察
	电源开关	接通切断电源	向上扳动即通,向下扳动即断

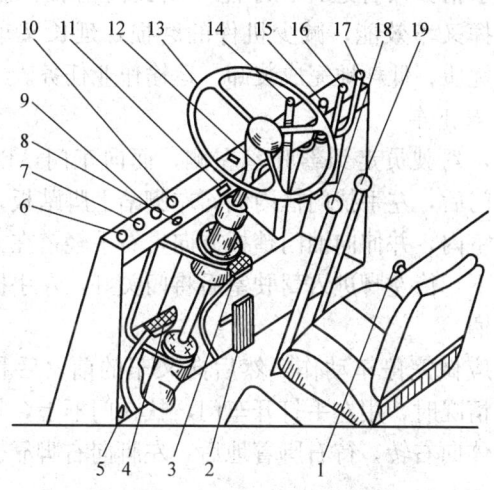

图 3—1 操纵机构和仪表
1—停车拉钮 2—油门踏板 3—脚刹车踏板 4—离合器踏板 5—脚踏变光开关
6—电流表 7—燃油量表 8—点火开关 9—机油压力表 10—水温表
11—转向灯开关 12—总电开关 13—方向盘 14—手刹车手柄 15—起升油缸手柄
16—倾斜油缸手柄 17—属具手柄 18—换向操纵手柄 19—变速操纵手柄

模块三　叉车的基本操作

一、就车、下车与驾驶姿势

所谓正确驾驶叉车，做到合理使用，就是在充分了解上述操纵机构的作用和使用方法的基础上，通过驾车作业实践，能在各种运行条件下正确而熟练地综合运用这些操纵机构，并善于总结经验、精益求精。只有这样，才能不断提高驾驶、操作技术水平，充分发挥叉车效能，减少机件的磨损，延长叉车的使用寿命，安全、优质、低耗地完成装卸、运输作业任务。

1. 就车与下车

就车时，驾驶员走到驾驶室左侧，面向车门，以左手握门把，打开车门后，左手扶门框内侧，左脚踏上脚踏板，右脚随身体进入驾驶室内，并伸向油门踏板方向，右手轻搭在方向盘右下方，同时坐下，待左脚进入驾驶室后将门关好，左手握住方向盘上的快转手柄。

下车时应做完停车动作，然后向叉车的前、后和左、右环视，无任何情况时，用左手打开车门，扶在门框上，将左脚放在踏板上，身体向右转，待右脚着地后，左脚向右脚靠拢，同时关好车门即可。

2. 驾驶姿势

正确的驾驶姿势能减轻驾驶员的劳动强度，便于观察车前和左右的情况，便于观察仪表和运用各项操纵机件，有利于安全、持久、灵活地驾车作业。为此必须选取好驾驶姿势，并养成良好的习惯。

正确的驾驶姿势是：上车后，身体对正方向盘坐稳，上身轻靠座位靠背（如座位不适，应根据自己的体型情况将驾驶座椅的高、低和靠背的前、后调整适当），胸部稍挺，左手握在方向盘的快转手柄上，右手轻搭在方向盘右下方，两肘自然下垂，两眼注视前方，左脚放在离合器踏板下方，右脚掌放在加速踏板上，并始终保持精力充沛、思想集中和操纵自如的状态。倒车时，从后窗看清倒车目标，以左手操纵方向盘，上身侧向右方，下体微向右斜，右手平放在靠背上方，回头从后窗观看目标，操作完后应迅速恢复原来的驾车姿势。

二、主要操纵机构的操作方法

叉车操纵装置的结构、作用和设置情况因车型、厂家不同而略有差异，但基本功能和用途一样，操纵方法也大同小异。叉车的操纵机构主要由方向盘、油门踏板、离合器踏板、脚刹车踏板、手刹车手柄、起升油缸手柄、倾斜油缸手柄、属具手柄、换向操纵手柄、变速操纵手柄等组成。为了操作方便，各种操纵装置和仪表都设置在驾驶室内的适当位置。叉车操纵手柄、仪表和方向盘如图3—1所示。

1. 离合器的操作

离合器踏板是离合器的操纵装置，用以控制离合器的分离与接合，以实现动力的切断与传递。用左脚掌操纵离合器踏板，踩下时，离合器分离，发动机与传动系统的动力传递便中断，此时发动机虽在运转，仍能将变速杆换入需要的挡位；松开时，离合器接合，动力接通，将运动传递给车轮。踩下踏板时动作要迅速，一次踩到底，严禁长时间使用半联动或将脚放在踏板上。换空挡时离合器踏板可迅速抬起，叉车起步或换挡时，抬起离合器踏板要慢抬或先快后慢。

2. 制动装置的操作

（1）行车制动器（脚制动器）的操作。脚制动踏板又称脚刹车踏板，是车轮制动器的操纵装置，用来实现减速或停车。用右脚掌操纵制动踏板，踩下踏板时两前轮同时制动，使叉车减速或停止运行。为不使发动机熄火，可同时操纵离合器踏板。操纵时，先放松加速踏板，并踩下离合器踏板，再以膝或脚关节的伸屈动作踩下或放松。踩下踏板的行程和速度应视不同制动效果的要求而调整，可采取立即完全踩下或先轻踩下再逐渐加重的方式，以达到减速或停车的目的。有时一次制动无效，应立即抬起踏板再踩第二次，除有紧急情况需紧急制动外，一般应缓慢踩下，迅速放松。

(2) 停车制动器（手制动器）的操作。手制动操纵杆是制动器的操纵装置，供停车或紧急制动时用，以免叉车自动溜车。停车制动器的操作机构一般设置于转向器的右部或左部，用手向后拉紧则达到停车制动的目的。松闸时，由于单向棘爪将杆锁住，需用拇指按下制动杆的上端，再向前推，才能松开停车制动器。

3. 油门踏板的操作

油门踏板又称加速踏板。汽油机叉车的加速踏板与节气门相连，用来控制节气门的开启度，使发动机转速提高或降低。柴油机叉车的加速踏板用来控制喷油泵柱塞有效行程的大小，从而实现喷油量的调节，使发动机的转速发生变化。

操纵加速踏板时，以右脚跟放在驾驶室底板上作为支点，脚掌轻踩在加速踏板上，用脚关节的伸屈动作踩下或放松。操纵时要做到连续轻踩，缓缓抬起，不可忽踩忽放或连续抖动。除必须使用制动踏板外，其余时间右脚都应轻放在加速踏板上。操作中踩下加速踏板时，汽油机叉车的节气门打开，混合气增多，汽油机转速增高；柴油机叉车的油门踏板通过杠杆机构操纵高压液压泵的油量调节杆，使供油量增大，柴油机转速增高，松开油门踏板时供油量减少，柴油机转速降低。对于电动叉车，为使操作统一化，将油门踏板改为调速踏板，通过变换内部的电气线路来控制叉车的运行速度。

停车手柄等次要操作机构均是为了发动机的起动、停车使用的。

4. 方向盘的操作

方向盘又称转向盘，是控制叉车行驶方向的装置。正确地运用方向盘是确保叉车沿着正确路线安全行驶的首要条件，并能减少转向机件和轮胎的非正常磨损。为了操纵方便，方向盘上装有快转手柄。

在叉车行驶的同时，驾驶员还要操纵工作装置进行作业。因此，方向盘的正确握法是：左手握住方向盘上的快转手柄，右手位于方向盘轮缘右侧，且拇指向上自然伸直，四指由外向里握住轮缘，以左手为主，右手为辅，相互配合。当右手操纵其他机件和工作装置时，左手仍能自如地进行左、右转向。叉车在平直道路上行驶时，操纵方向盘的动作要平稳、均匀、柔和，避免不必要的晃动。转向时，一手拉动，一手推送，根据转弯半径的大小转动方向盘。急转弯时，以左手为主，迅速地转动快转手柄，以达到改变方向的目的。

连接全液压转向器或方向机的方向盘是实现叉车转向或直行的操作部件。方向盘上设置的快转手柄是为了当右手操作多路换向阀时，能用左手握住手柄并控制方向盘的动作。通常方向盘顺时针转动时叉车向右运行；反之叉车向左运行。方向盘中部有蜂鸣器盖，是叉车蜂鸣器的按钮，按下即有响声。

5. 变速杆、换向杆的操作

变速操纵杆是变速器变速的操纵装置，用来接合或分离变速器内的各挡齿轮，使变速器内各挡位的齿轮啮合或分离，或使离合套或动力换挡箱的湿式离合器接上或分开，以实现动力传递的变化，改变叉车的行驶速度。换向杆的操作与变速杆的操作具有相同的功能，主要用来实现叉车的"前进"或"后倒"，并与变速杆配合。操纵换向杆时，应在叉车制动停车后才能合上离合器，使叉车改变运行方向。变速操纵杆通常有 2~4 个前进挡、1~2 个倒挡和 1 个空挡。电动叉车换向杆的操作是使运行电动机反向运转，以达到叉车改变运行方向的目的。

手握变速杆时，应以掌心贴住球头，五指握向手心，球头自然地握在掌心。操纵变速杆时，两眼应注视前方，左手握稳快转手柄，在右脚松抬加速踏板的同时，左脚踩下离合器踏板，右手用手腕及肘关节的力量准确地将其推入或拉出某一选定的挡位。变速杆移入空挡后，不要来回晃动，不得低头查看，切忌强拉、硬推，以免方向跑偏或使齿轮磨损。

6. 座椅调整杆的操作

为使不同体型的驾驶员都有一个比较舒适的驾驶位置，设在坐垫下部的调整杆可使座椅沿滑轨前后移动到最适合操作的位置。

7. 工作装置的操纵

在方向盘的右侧有多个操纵手柄，用以实现多路换向阀阀杆的操作。通常靠近方向盘的为起升阀杆，又称起升操纵杆，向后压下操纵杆时则货叉起升；向前抬起操纵杆时则货叉下降；处于中间位置时为停止。第二阀杆为倾斜阀杆，又称倾斜操纵杆，向后压下操纵杆时则门架后倾；向前抬起操纵杆时则门架前倾；处于中间位置时为停止。属具手柄又称属具操纵杆，它是根据不同用途叉车的作业需要来配置的。换向杆通常与变速杆排列在一起，换向时须在完全停止状态下进行，否则将会发出较大的响声，以致损坏齿轮。

叉车工作装置由右手操纵。其手柄的握法是：应以掌心贴住球头，拇指和食指伸直，分别位于手柄的左方和上方，其余三指自然弯曲朝向掌心。

（1）升降手柄的操作方法。当起升货物或货叉时，先稍踩加速踏板，使发动机转速提高；再稍向后拉升降手柄，起升阀杆上升，使货叉连同货物缓慢升起；然后提高发动机转速，并将手柄拉到底，使门架达到应有的速度；待到达最高位置之前，在放松加速踏板的同时，使货叉连同货物缓慢到达所需位置；松开手柄，货叉即停留在某一高度。当需降落货叉及货物时，向前推动升降手柄，货叉及货物在自重作用下落下，松开手柄，货叉及货物即停止。操纵手柄时，两眼应注视货叉上的货物，用余光观察叉车周围的情况。动作要柔和，避免突然前推或后拉手柄，以免损坏货物，发生人身和机械事故。

（2）倾斜手柄的操作方法。向前推倾斜手柄，倾斜阀杆下降，门架前倾；向后拉倾斜手柄，倾斜阀杆上升，门架及货叉后倾；松开手柄，门架保持在一定位置不动。门架的倾斜速度可通过改变发动机转速的大小和倾斜阀杆的位置来实现。

（3）属具手柄的操作方法。操作属具手柄时，动作要柔和，避免突然前推或后拉。特别是当属具接触货物时，要注意属具阀杆的移动量，不但要使属具与货物可靠接触，而且不能损坏货物。

8. 指示仪表

（1）电流表。电流表用来指示蓄电池充电或放电的情况。充电时，指针偏向"＋"号侧；放电时，指针偏向"－"号侧。数字表示电流大小，单位为A。

（2）水温表。水温表用来指示发动机运转时冷却水的温度，单位为℃，它在接通点火开关后才起作用。发动机的正常水温应为80~90℃。

（3）燃油表。燃油表用以指示燃油箱内的存油量。表盘上有"0""1/2""1"三个读数，分别表示油量为"空""一半"和"满"。

（4）机油压力表。机油压力表用来指示发动机运转时润滑系统主油道的压力，表上的刻度单位为MPa。各车型发动机的正常机油压力应符合生产厂家的规定。

（5）计时表。计时表用来记录发动机工作的时间，据此确定叉车维护和修理的周期、作业的性质及内容。表上的计时单位为h，末位数字为1/10 h。

（6）油温表。油温表用来显示液力传动系统中液力变矩器工作油液的温度。变矩器正常工作油温控制在85~100℃，当超过100℃时应停车冷却。

(7) 挂挡压力表。挂挡压力表用来指示液力传动系统中变速箱液压离合器的工作油压。表盘上的刻度单位为 MPa。车型不同，其压力值有差异，一般为 0.98~1.4 MPa。

(8) 车速里程表。车速里程表是复合式仪表。车速表用来指示叉车的行驶速度，指针读数为瞬时车速，单位为 km/h。里程表的读数随行驶里程的增加而增大，为累计里程，单位为 km，用数字显示。

9. 开关

(1) 电源总开关。电源总开关用于控制蓄电池和全车用电设备之间的连接。接通电源总开关后，各部分用电设备才可以操作。

(2) 点火开关。点火开关用来接通或切断汽油机点火线路和各仪表等的电路，且常与起动机的电磁开关线路连接在一起，故也叫点火起动开关。它有三接线柱、四接线柱两种，叉车上常用四接线柱式。

(3) 预热起动开关。预热起动开关将预热开关和起动开关制成一体，用于柴油机叉车发动机的电路中。开关的背面有电源、接线柱 1（接起动机电磁开关）和接线柱 2（接预热器）三个接线柱。转动预热起动开关手柄，可接通或切断不同电路。

(4) 灯光总开关。灯光总开关用来开启或关闭叉车的前灯（大灯、小灯）和后灯。它大多是一种拉钮式开关，有单挡位、双挡位和三挡位之分。不同型号的叉车所采用的开关型号不完全相同。

(5) 转向灯开关。转向灯开关用以接通或切断叉车左侧或右侧转向灯和转向指示灯。目前叉车上普遍采用板柄式或拨钮式开关。板柄式转向开关安装在方向盘下方的转向轴上。

(6) 蜂鸣器按钮。蜂鸣器按钮用来接通蜂鸣器电路，使蜂鸣器发出声响。它多装在方向盘的中央或两侧。

三、发动机的起动与停熄

叉车发动机的起动与停熄是叉车驾驶基础操作内容之一。驾驶员在一天的驾驶及装卸中，将会多次进行这种操作，其操作的正确与否直接影响着发动机的使用寿命和燃料消耗量，因此，了解和掌握发动机的起动与停熄的正确操作方法是叉车驾驶员不可忽视的问题。

1. 起动前检查

起动发动机前，应检查散热器中的水量、曲轴箱内的机油平面、燃油箱和工作油箱的储油量；检查转向系统接头处有无松脱，紧固是否可靠；检查离合器踏板及制动踏板的自由行程是否正常，制动是否灵活可靠；检查蓄电池存电情况及液面高度，必要时添加蒸馏水；检查大灯、小灯、转向灯和仪表工作是否正常；检查前后轮胎气压，清除嵌在胎纹间的石子和杂物等。检查后，注意将手制动拉紧，并将变速杆和换向杆放在空挡位置。

2. 起动操作

发动机起动前的准备工作完毕后即可起动，操作程序是：拉紧手刹车手柄，将变速杆置于空挡，打开汽油机点火开关以接通点火线路，打开柴油机起动总开关以接通充电器和起动机按钮线路，有预热装置的将开关转到"电热塞接通位置"，踩下离合器踏板，稍踩一下油门踏板，拉出汽油机阻风门拉钮（若为热车起动则不必拉出，若为电控喷射汽油机则没有这一步骤），柴油机有起动加浓装置，应拉出拉钮，按下起动按钮（一次按下的时间不得超过 5 s，再次使用间隔不少于 10 s），起动发动机。起动后立即松开按钮。如起动困难应进行检查，排除故障之后再起动。发动机起动后，节气门开启度不要太大，待发动机怠速运转慢慢稳定后，松开离合器踏板，保持低速运转，逐渐升高发动机温度。切勿用大油门或猛轰油门，以免造成机油压力过高，发动机磨损加剧。根据升温情况，汽油机应及时调节阻风门的开启度直至完全开启（若为电控喷射汽油机则没有这一步骤），柴油机则应推回加浓装置拉钮。

3. 发动机起动后的升温与检视

发动机起动后，当温度升到 50℃以上时，经各种转速运转检查，发动机无异常响声，无漏油、漏水现象，无焦臭气味，仪表工作正常，货叉升降平稳，门架倾斜到位，则可挂挡起步。柴油机起动后，怠速运转 3～5 min，应将转速提高到 1 000～1 500 r/min，使发动机升温到 60℃以上再起步。否则应立即熄火，查明原因并排除故障。

4. 发动机的停熄

汽油发动机一般在正常情况下停熄时，只需将点火开关关闭，查看电流表指针的摆动情况，判明电路是否已经切断。在停熄发动机前，切勿猛踩加速踏板"轰车"，这不仅增加机件的磨损，而且也浪费燃料。若发动机经重负荷行驶后，或因其温度过高需停车熄火时，应使发动机怠速运转数分钟，使发动机均匀冷却，待水温降至 90℃时再关闭点火开关停机。柴油机需要停熄时，应先怠速运转数分钟，待机体得到均匀冷却后，操纵停车手柄，使喷油泵柱塞转至不供油位置即可停熄。叉车停车后应拉紧手刹车手柄，换挡杆置于"空挡"，严寒的环境中应放空冷却水，注意给蓄电池保温。

四、驾驶操作

1. 叉车起步、直线行驶及停车

（1）叉车起步。叉车起步时，身体要保持正确的驾驶姿势，两眼注视前方道路、货叉及货物和交通情况，不得低头看脚下。其操作顺序是：按发动机的起动顺序和操作方法起动发动机，扫视各仪表工作是否正常；用控制手柄将货叉置于运行状态，即使货叉距地面 300 mm 以上，门架完全后倾；踩下离合器踏板，将变速杆挂入低速挡，换向杆置于前进（或后倒）位置；鸣蜂鸣器，放松手制动器操纵杆；左脚按要领将离合器踏板放松，同时缓慢踩下加速踏板，使叉车平稳地起步。

起步平稳的关键是离合器踏板和加速踏板之间的配合。离合器抬起过快或加速不够，都会造成发动机熄火。在松抬离合器踏板的过程中，开始放松离合器踏板时，动作可快一些，当听到发动机声音有所下降，车身有轻微抖动及踏板有顶脚感觉时，应使踏板在此位置上稍加停顿，与此同时，应慢慢踩下加速踏板，缓松离合器踏板，将叉车负荷逐渐加到发动机上，从而获得充足的起步动力。如感到动力不足，发动机将要熄火，应立即踩下离合器踏板，适当加大油门，重新起步。平稳起步后，应立即将离合器踏板完全放松。

叉车起步时，要克服车辆自身的静止惯性，需要较大的起步转矩，因此，应根据情况选用低速挡起步。正确的起步应保持车辆平稳，无冲动、抖动或熄火现象。

(2) 直线前进和后倒

1) 直线前进。直线前进时要做到：目视前方，看远顾近，注意两旁，尽量行驶在路中央。由于路面的凹凸不平，易使转向轮受到冲击、振动而产生偏斜，需及时修正方向；当叉车前部（驱动桥端）向左（右）偏斜时，应向右（左）转动方向盘，待叉车前部即将回到行驶路线时，再逐渐将方向盘回正。修正方向时，要少打少回，以免产生"画龙"现象。要细心体会方向盘的游动间隙，如叉车在道路右侧行驶时，为防止向右偏斜，方向盘应位于游动间隙的左侧。

2) 直线后倒。用倒挡进行，要求叉车在划线范围的中间位置从终点直线倒回起点位置，左、右轮的轨迹线应基本保持分别与两侧划线平行和等距，起步、停车平稳，车速均匀。直线后倒主要是根据目标来估计和判断车辆的正确位置。其方法是从后窗看目标（中心标杆）倒车，按从后窗看目标的倒车姿势进行操作。后倒中一旦发现目标偏移，则应在适当修正方向盘后回正，以保证直线后倒。

3) 停车。停车前，应放松加速踏板，降低车速，以转向灯警示后方来车及行人，慢慢向道路右侧或场地（仓库）停靠。踩下离合器踏板，适当地使用制动踏板，使叉车平稳地停在预定地点，并保证车身平直。拉紧手制动器操纵杆，把变速杆和换向杆移至空挡，然后放松离合器和制动踏板。将货叉降到最低位置，关闭点火开关或排气制动器使发动机熄火，最后切断电源开关。

平稳停车的关键在于根据车速的快慢、货物质量及体积的大小，用适当、均匀的力踩下制动踏板。特别是当叉车将要停住时，适当放松一下制动踏板，再稍加压力，即可使叉车平稳停住。

2. 叉车换挡、转向和制动

(1) 机械传动叉车的换挡。叉车一般有 2~3 个挡位，Ⅰ挡为低速挡，Ⅱ挡和Ⅲ挡为高速挡。低速挡的特点是行驶速度慢，使驱动轮获得较大的转矩，增大了牵引力。因此，它适用于起步、爬坡、通过困难路段、急转弯、取货和卸货等场合。但低速挡车速慢，发动机温度容易升高，燃油消耗大，故行驶距离不宜过长。高速挡行驶速度快，牵引力小，发动机转速低，燃油消耗低，适用于较好的路况及较长距离的行驶。

由低速挡换入高速挡的过程称为加挡，由高速挡换入低速挡的过程称为减挡。这是两种不同的操作程序，操作方法也有区别。

1) 加挡。叉车起步后，只要场地宽阔，运行距离长，所搬运货物牢固可靠，就要平稳地踩下加速踏板，逐渐提高车速。当车速适合换入高一级挡位时，立即抬起加速踏板，同时迅速踏下离合器踏板，将变速杆移入空挡位置，随即迅速抬起离合器踏板并立即踩下，同时迅速将变速杆由空挡换入高一级挡位。接着边松抬离合器踏板，边慢慢踩下加速踏板，待需加速至更高一级挡位的车速时，可按上述操作法换入更高挡位。

低速挡换入高速挡是凭发动机声音、转速的变化和叉车动力的大小掌握换挡时机的。如踩下加速踏板，发现发动机动力过大，发动机转速一直上升时，说明可以换入高一级挡位。如果换入新的挡位后，踩下加速踏板时，叉车的速度仍然上升，发动机转速不高，无动力不足的感觉，说明就是合适的换挡时机。如果换入高一级挡位后，踏下加速踏板时，发现发动机转速下降，说明加挡过早。

2）减挡。叉车在行驶中遇到阻力较大的路段或上坡时，车速逐渐降低，发动机动力不足，高速挡不能继续行驶时，在接近货垛，进入库房前，均应降低车速，从高速挡换入低速挡。减挡时，首先抬起加速踏板，同时迅速踩下离合器踏板，将变速杆移入空挡位置。接着抬起离合器踏板，并迅速点踩一下加速踏板（即加空油），随即迅速踩下离合器踏板，将变速杆换入低一级挡位。然后一面松抬离合器踏板，一面踩下加速踏板，使叉车继续行驶。

减挡的关键在于加空油要适当。加空油的多少应根据车速、挡位的高低灵活掌握。挡位越低，空油加得越大；车速快，空油要适当加大；车速慢，空油则适当小些。这样，才能保证减挡时变速器齿轮不会产生撞击声。

(2) 液力传动叉车的换挡。液力传动叉车变速箱一般有2～3个前进挡，1～2个后倒挡。它是通过换挡手柄操纵阀杆及连杆使操纵阀动作，压力油进入变速器换挡离合器油缸，推动活塞，压紧内、外摩擦片，实现叉车的前进、后倒或换挡。

1）加挡。叉车起步后，只要道路情况允许，就要平稳地踩下加速踏板，逐渐提高车速，当车速适合换入高一级挡位时，立即抬起加速踏板，迅速将变速手柄扳到高一级挡位，接着慢慢踩下加速踏板，使叉车继续前进或后倒。

2）减挡。叉车在通过困难路段、接近货垛、到达库房前，需从高速挡换入低速挡。首先抬起加速踏板，将变速手柄从高一级挡位扳到低一级挡位，然后踩下加速踏板，使叉车继续行驶。

液力传动叉车在挂挡时，必须注意挂挡压力表的指示压力，挂挡压力过高或过低均会影响系统部件的使用性能和寿命。因此，当指示压力不在规定范围内时（具体数值详见叉车说明书），应查明原因，排除故障后方能继续使用。

（3）转向。叉车在弯道上行驶时，往往由于弯道视线不良，驾驶员注意力又放在转向上，有时还需要进行换挡操作，所以比在直路上容易发生碰撞的危险。这时必须做到"减速、鸣号、靠右行"，减速可以防止因离心力过大而使车辆失稳、失控；鸣号可在车辆来到转弯处时提前告诉对方车辆和行人，以引起注意，及时避让；靠右行即各走自己的路线，交会时能够避免相撞。在平路上视线清楚，对方又无来车，左转弯时可适当偏左侧行驶；右转弯时要待车驶入弯道后再把车完全驶向右边，不宜过早靠右。转弯时要根据路面的宽窄、弯度大小等情况确定合适的转向时机、转弯车速。

1）转弯要领。叉车转弯要做到平稳、安全，必须根据路面宽度、车速高低、弯道缓急等条件确定转向时机和转动方向盘的速度。一般操作要领是：根据道路弯度、应转方向和车速，一手转动快速手柄，一手辅助推送，相互配合，快慢适当。弯缓应早转、慢打、少打、少回；弯急应快速转动方向盘。待叉车将要驶离弯道，车头接近新方向时，再以较快的速度回转方向盘，使转向轮迅速回正。

2）转弯注意事项。叉车行驶至弯道时，应降低车速，发出转弯信号，靠道路一侧慢慢前进，并做好制动准备，做到既安全、又平稳地通过；转弯时车速要慢，操纵方向盘不能过急，以免离心力过大造成横滑和倾翻；叉车转弯时，应尽量避免使用制动，尤其是紧急制动；叉车前进向左（右）转向时，车辆要靠道路（通道）左（右）侧行驶，按照转弯要领转动方向盘，以免叉车尾部碰撞其他障碍物；叉车倒退向左（右）转向时，车辆要靠道路右（左）侧行驶，使叉车安全、平稳地转弯。

（4）制动。叉车的制动是通过操纵制动装置来实现的。制动是否正确和适当是行驶和作业安全的重要条件，是节约燃油和减少轮胎磨损的重要环节。正确地运用制动能使叉车在最短距离内安全地停住，而又不损坏机件。常见的制动方法有预见性制动和紧急性制动两种。

1) 预见性制动。驾驶员在驾驶叉车行驶过程中，对已发现的行人、车辆等交通情况的变化，或将要接近货垛、库房时，提前做好思想和技术上的准备，有目的地采取减速或停车的措施，称为预见性制动。它是一种最好的和应当经常采用的制动方法。

预见性制动的操作方法：

①减速。发现情况后，先放松加速踏板，利用发动机怠速汽缸压缩时的反作用力降低车速，并根据情况持续或间断地踩下制动踏板，使叉车进一步降低速度。

②停车。当叉车速度已降到很低时，即踩下离合器踏板，同时轻踩制动踏板，使叉车平稳地停住。

2) 紧急制动。叉车在行驶和作业过程中，遇到危险及紧急情况时，驾驶员迅速地使用制动器，在最短距离内将车停住，达到避免事故、防止货物损伤的目的，称为紧急制动。紧急制动对叉车的机件和轮胎都会造成较大的损伤，特别是当叉车在搬运货物过程中，易造成货物的损坏，甚至使叉车向前倾翻，并且往往由于左、右车轮制动力不一致，或左、右车轮与路面的附着系数有差异，以致造成叉车"跑偏""侧滑"，使其失去方向控制。因此，紧急制动只有在不得已的情况下方可使用。

紧急制动的操作方法：握稳方向盘，迅速放松加速踏板，并立即用力踩下制动踏板，同时拉紧手制动器操纵杆，充分发挥车辆的最大制动能力，使叉车立即停住。

叉车作业时，特别在进叉取货或卸货时，要求叉车的速度越小越好。因此，在进入货垛前，驾驶员应根据货物的体积大小、货垛的宽窄、环境条件等选择适当的速度。为使叉车发动机不熄火，驾驶员常常是先抬起加速踏板，踩下离合器踏板使叉车滑行，当货叉接近货位时，轻踩制动踏板，使叉车平稳地停在货垛前，然后按照叉、卸货的动作进行作业。

（5）会车、超车和让车。两车交会应本着互相礼让的精神，做到"礼让三先"（即先让、先慢、先停），适当减速，选择较宽且坚实的路面，靠路右侧鸣号、缓行，交会通过。如遇较窄或路面复杂的路段，应准备随时停车避让。会车时要注意保持足够的侧向间距，在视线不清、交通复杂路段要适当加大安全间距，主动让路。还要注意对面车辆的后边可能有行人或自行车突然横穿。

车辆超越原在前方同向行驶的车辆称为超车。超车的方法不当或强行超越时容易发生事故。因此，超车要注意选择路面宽、直，视线良好，路侧左右均无障碍，对方无来车的地点进行。叉车在厂区内行驶，有如下情况时不准超车：风沙、雨雪、有雾等天气；灰尘飞扬的环境；视线不清，能见度低，视距过小时；道路条件差或通过复杂路段时；车间、库房等严禁违章超车处。总之，车辆超车是比较复杂和危险的行车过程，因此必须具备一定条件。为保证安全行车，车辆运行合理、畅通，最大限度地使用道路，驾驶员超车时必须严格遵守禁止超车的规定并执行安全超车的程序，否则即为违章超车。

让车时应严格遵守交通规则中关于让车和超车的规定。在行驶中应注意有无车辆尾随，发现有车欲超越时，应视道路和交通情况，减速靠右避让，不得占着道路不减速或故意不让。

3. 场地综合（式样）驾驶

掌握前面几项操作后，可在场地内模仿道路驾驶情况进行训练。在比较典型的模式下，通过训练，达到提高单项操作的技术水平和综合运用各操作机构的能力，为实际驾驶和作业打下良好的基础。

在较宽阔的场地（或路段）上，因地制宜地拟出一定的行驶路线，还可设置必要的标杆和划线，显示窄路、弯道等多种路段，然后在规定的线路上进行驾驶。在行驶中着重练习叉车的起步，掌握变速、制动装置和方向盘的运用，掌握行驶路线的变化情况等，初步进行一些综合性操作，以取得一些实地驾驶叉车的经验和体会。

(1) "8"字形行进

1) 场地设置。叉车"8"字形行进场地设置如图3—2所示。其中，路幅 A 为车宽加上 800 mm，大圆直径 B 为 2.5 倍车长。

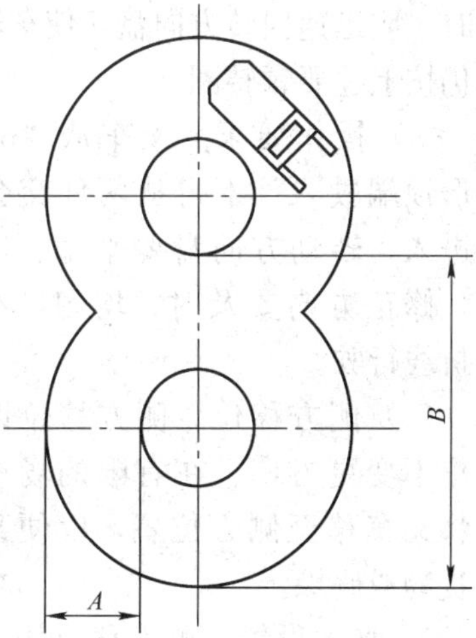

2) 操作要领

①车速要慢，尽量用低速挡，待操作熟练后，再适当加快车速，运用加速踏板要平稳。

②叉车前进行驶时，前内轮尽量靠内圈，随内圈变换方向，如同小转弯一样，随时修正方向。既要防止前内轮压内圈，又要防止后外轮碰外圈。

图3—2 "8"字形行进场地设置

③叉车行至交叉点中心线，叉子前端刚进入半圈时，迅速向相反方向转动方向盘。转向要柔和、适当，修正方向盘要及时、少量，保持弧形前进。

④叉车后倒行驶时，后外轮尽量靠外圈，随外圈变换方向，如同大转弯一样，随时修正方向。既要防止后外轮压外圈，又要防止前内轮碰内圈。行至交叉点中心线时，迅速向相反方向转动方向盘。

"8"字形行进科目是叉车驾驶的基础练习。练习时，先用低速挡慢速行进、较熟练后可用中速挡。叉车从"8"字形顶端驶入，沿车道循回前进，要求起步、停车平稳，车速均匀，方向、路线适当，外前轮和内后轮均不得越出划线范围。练习此科目时，叉车随时都处在转弯状态，除按基本操作要求操纵方向盘外，行驶时还应使外前轮尽量靠"8"字形的外圈行进，这样才能防止转弯时因内轮差造成的内后轮压线或越出划线。行至交叉处时，应迅速回转方向盘，使车辆向相反方向转向，进入新方向后仍按上述要领转圈。

3）操作要求。叉车从"8"字形顶端驶入，不得从两环交会处进入；转动方向盘要平稳、适当，修正方向要及时、均匀，不得折线行驶。

（2）侧方移位。侧方移位即叉车不变更方向，在有限的场地内将叉车移至侧方位置，以便叉卸货物或码垛。

1）场地设置。侧方移位场地由甲、乙两块场地组成，其设置如图3—3所示。其尺寸：1—4、2—5、3—6均为两车长，1—2、2—3、4—5、5—6均为车宽加上0.8 m。

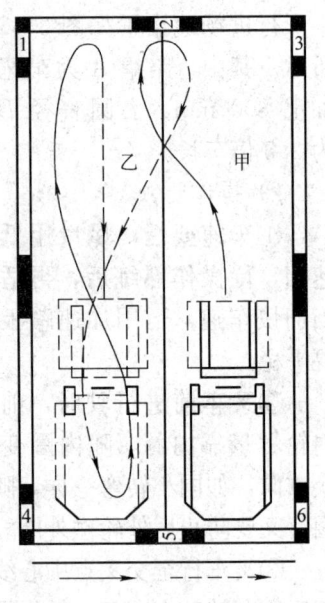

图3—3 侧方移位场地设置

2）操作要领。挂低速挡起步后，两眼平视目标，保持居中前进，驶入甲库。

①第一次前进。叉车起步后，应向左转动方向盘（以右后轮不压线为界），待货叉叉尖前端距标线1 m时，迅速向右转动方向盘，使车尾向左摆。当车头稍向右偏，或叉尖距标线0.5 m时，迅速向左转动方向盘，将至标线时立即停车脱挡。

②第一次倒车。挂倒挡起步后即向左迅速转足方向（注意左前角不要刮碰标线），并向后观察，待车尾距后标线1 m时，迅速向右转动方向盘，使车尾向右摆，当车尾距后标线0.5 m时，

迅速向左转动方向盘,将至标线时立即停车脱挡。

③第二次前进。挂低速挡刚起步即向左转足方向,当看到叉车左叉尖距右侧边线距离很小时,即向右回正方向。沿此线继续前进,并尽量使叉车保持正直方向行驶,待叉车前进到距前标线约 0.5 m 左右时,向左回转方向,并停车脱挡。

④第二次倒车。倒车起步后,在向左转动方向的同时,随即注视车后部与外标线和中心线之间的位置情况,当车尾部距后标线 1 m 左右时,稍向右回转方向,同时观察叉车位置,使其与左、右标线距离相等,如稍有偏差,应及时修正。待距后标线约 0.5 m 时,回头前看,使叉车保持正、直的位置,并停车脱挡。

3)操作要求。由甲库内经两进两倒将叉车移至乙库,并停放正、直,不准越出乙库划线范围。在移位过程中,叉车任何部位不得越出标线。在进、倒过程中,不得任意停车,在整个操作过程中不熄火,不得使用半联动,车停后不准转动方向盘。

(3)倒进车库

1)场地设置。叉车倒进车库场地设置如图 3—4 所示。其中车库长=车长+0.4 m;车库宽=车宽+0.4 m;库前路宽=(1+1/4)车长。

2)操作要领

①前进选位停车。叉车挂低速挡起步后,稳速前进,使叉车靠左(右)车库一侧行驶(注意留足车与车库之间的距离)。待方向盘与库门对齐时,迅速向右(左)将方向盘转足,使叉车向车库前方行驶。当叉尖距车库对面路边线 1 m 左右时,迅速回转方向盘,并随即停车脱挡。

②后倒入库。后倒前,先调整好驾驶姿势,选好目标。叉车起步后,向右(左)转动方向盘,缓慢后倒。当叉车尾部进入车库时,应及时向左(右)回转方向,并前后照顾,及时修正方向,使车身倒进库内后保持正、直。回正车轮后立即停车。

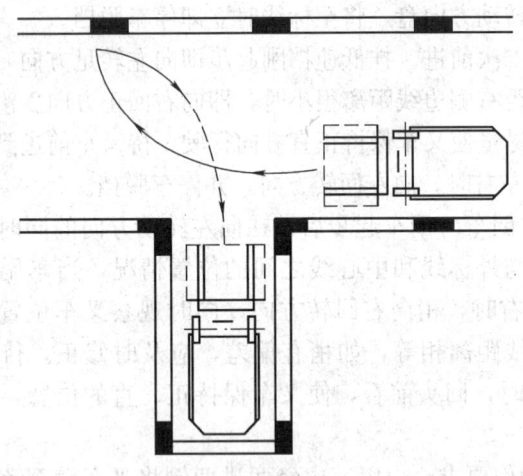

图 3—4　倒进车库场地设置

3）操作要求。叉车一进一退倒入车库，进、退过程中不得使用半联动，不得刮碰车库门，而且叉车须停在车库中间，货叉不得超出车库。

（4）直角通道驾驶

1）场地设置。直角通道通常用托盘或空箱体等设置成带有左、右直角转弯，直行通道和横行通道的形式，其场地设置如图 3—5 所示。其通道宽度为：

$$B = r_{\min 外} + 2S$$

式中　B——最小直角通道宽度；

　　　$r_{\min 外}$——叉车最小外侧转弯半径；

　　　S——叉车与货垛之间的安全距离，一般为 100～300 mm。

2）操作要领

①前进

a. 直角转弯。叉车起步后，行驶至快接近直角转弯处时，降低车速。叉车平行地靠近道路内侧行驶，车轮距道路内侧边线

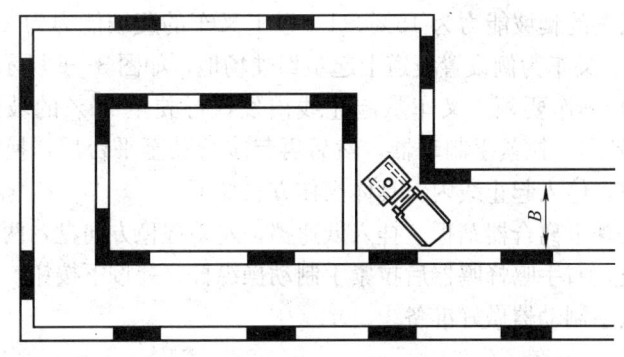

图 3—5　直角通道场地设置

一定间距。当叉架与直角点对齐时，迅速向右（左）转动方向盘到极限位置。待叉尖距外（内）边线一定距离时，赶紧回方向。车速慢，内侧距离大，早打慢转；车速快，内侧距离小，晚打快转，使车身摆正，继续前进。

b. 过通道。叉车转过直角弯后，根据通道宽度和车速的快慢确定打方向的时机和多少。通道宽度小，应晚回、快回；通道宽度大，应早回、慢回。要避免回方向不足或过多，以防叉车在通道内"画龙"。

②后倒

a. 直角转弯。叉车起步后，行驶至快接近直角转弯处时，降低车速，车轮距道路内侧边线一定间距。当叉车中心线与直角点对齐时，迅速向左（右）转动方向盘到极限位置。待前轮转过直角点时，赶紧回方向。使车身摆正，继续后倒。

b. 过通道。当叉车转过直角弯后，根据通道宽度和车速的快慢确定打方向的时机和多少。一般车速慢，通道宽度小，应晚回、快回；车速快，通道宽度大，应早回、慢回，要避免来回打方向。

(5) 坡道起步驾驶

1) 场地设置。不同起重量叉车的爬坡能力不完全相同。1 t

以下叉车的爬坡能力为15%；1t以上叉车的爬坡能力为20%。现以1t叉车为例设置坡道上起步驾驶场地，如图3—6所示。

2) 操作要领。叉车从起止线出发，行驶至20%的坡道的1/2处停车，拉紧手制动器，然后再起步行驶至平台后，换向倒退下坡，停入起止线内。具体操作方法如下：

①踩下离合器踏板，挂入低速挡，左手握稳方向盘，两眼注视前方，右手鸣蜂鸣器后拉紧手制动操纵杆，并按下按钮，为及时放松手制动器做好准备。

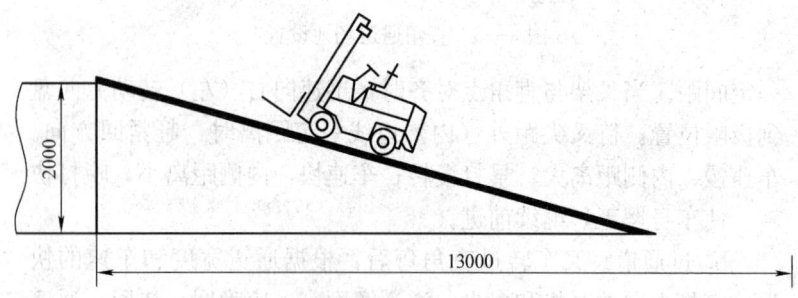

图3—6 坡道上起步驾驶场地

②视坡度大小，踩下加速踏板，将发动机转速提高到适当程度，同时松抬离合器踏板至半联动。此时立即松开手制动器，叉车即平稳起步。随后慢慢踩下加速踏板，完全放松离合器，加速行驶。

③起步时，如感到动力不足，叉车无法前进时，应立即踩下离合器踏板和制动踏板，然后拉紧手制动器，再放松制动踏板，重新起步。

3) 操作要求。在坡道上停车后，应拉紧手制动器，防止叉车下滑；挂Ⅰ挡后，注意做到手制动器、离合器和加速踏板操作密切配合，松手制动器的时间严禁过长，一般1～2s应完成放松手制动器的动作；一旦发生后滑现象，应立即停车，重新起步。严禁猛然开始向前起步，以免损坏机件。

叉车在坡道上行驶时，存在着上坡阻力或下坡阻力，对车辆行驶有很大影响。因此，必须掌握其特点，要根据坡度的大小、坡道的长短、弯道的缓急、路面的宽窄等情况，结合叉车性能及装载情况，采取适当的驾驶、操作方法，做到转向适度、灵活，换挡敏捷，手脚配合协调，合理使用制动。否则，会因操作不当使发动机熄火，甚至造成叉车滑溜、倒退或制动失灵，使车辆失控而发生事故。

上坡起步时，因受上坡阻力的影响，所以在操作上除按一般起步要领、程序进行外，还要注意手制动器、离合器和加速踏板操作的密切配合，这三者之间配合得恰当与否是能否起步或是否发生车辆后溜现象的关键。上坡换挡时必须有熟练的操作技术、密切而协调的配合动作，才不至于发生车辆停顿、变速齿轮碰撞，甚至换不进挡位的现象。上坡行驶时，在保证车辆有足够牵引力的情况下，应尽可能用较高挡位，但又不得以高速挡勉强行驶。

下坡起步一般可按平道起步的方法、要领操作，即先松手制动器，待车开始溜动时再缓抬离合器踏板，一经联动即可视实际情况换至高挡位行驶，下坡一般不要使用高速挡起步，以免因配合不当损坏机件。一般下坡行驶时可挂高速挡，并适当使用制动器控制好车速。

上坡停车时应选好停车地点，并逐渐将车靠向道路右侧，待接近预定地点时，可先踩下离合器踏板，当车要停住时再踩下脚制动踏板将车停稳。下坡停车也应事先选好停车地点，并逐渐加强制动，平稳减速，同时将车逐渐靠向右侧。待接近预定地点，车速已降低到很慢时，再在进一步踩下脚制动踏板的同时踩下离合器踏板，将车停稳。坡道停车熄火后，必须按停车要求，上坡挂上Ⅰ挡，下坡挂上倒挡，并拉紧手制动器。还应在后轮下方垫上三角木或较大的石块，以保证安全。

(6) 曲线进、倒。该科目可提高驾驶员在叉车转弯时对前、后轮位置的正确判断能力,并根据内轮差的大小掌握打回方向的时机和方法。曲线前行、倒车场地设置如图 3—7 所示。

1) 具体要求。可将 1~6 个标杆放在一条直线上,标杆间隔距离均为 2 个车长,宽度为车宽加上 0.60~0.80 m,可先大后小,根据训练进度调节。

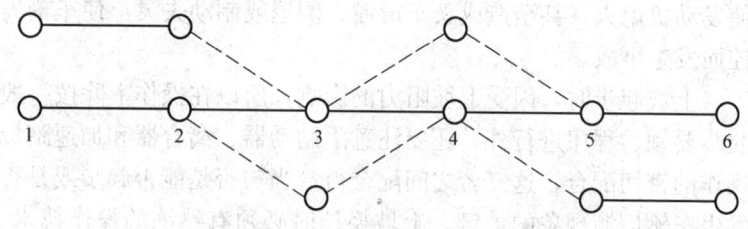

图 3—7 曲线前行、倒车场地设置

2) 练习的要领。车速要缓慢平稳,车头靠外杆前进,待驾驶室与标杆相平时,向内杆一侧,先慢、后快地转动方向盘,此时可回视后方,为避免刮碰标杆,应稍停转或回转方向,车辆驶出两杆后,当车头对直前外杆时逐渐回转方向。使车头靠外杆一侧穿过,为使后轮不碰、压内杆,要向外杆一侧稍回转方向。倒车时,要正确判断方向,选好目标,防止外侧触碰标杆。

4. 叉车在复杂路面的安全驾驶

(1) 行驶速度和行驶车距。叉车的行驶速度与行车安全、燃料消耗和机件使用寿命等均有直接关系,必须合理掌握。车速的快慢又需根据车型、道路、气候等因素来确定,同时还应考虑到驾驶员本人的技术熟练程度和精力是否充沛。一般在无限制标志的厂区内主干道(或其他道路)上叉车的最高行驶速度为 10 km/h;在有人看守道口、交叉路口、装卸作业区、人行稠密地段、下坡道、设有警告标志处或转弯、调头时的最高行驶速度为 3 km/h;另外在结冰、积雪、积水的道路上,进出厂房、库房大门、加油站等处的最高行驶速度也为 3 km/h;在各厂房、车间的交叉路口、转弯处、窄路、机动设备旁以及视线在 15 m

以内时，其最高行驶速度为 3 km/h。在实际工作中，必须掌握行驶速度的规定，合理调整车速。其方法是：需要减速时，主要是适当抬起或完全抬起加速踏板，利用发动机的牵阻作用来逐渐降低车速，如不能满足减速要求时，可使用制动器帮助减速，直至达到减速的目的。需要加速时，必须根据当时的车速，或只需踩下加速踏板，或需挂入适当挡位，重新加速。行驶中在不太大的范围内调整车速时，只需适当加大或减小油门即可。

叉车行驶时，必须与周围的车辆、行人以及障碍物保持一定的间隔距离。同向行驶车辆的距离在厂区道路上至少应保持为 10 m，遇到气候不良或路面特殊时还应适当加长。叉车的侧向间距与车速有关，一般车速在 10 km/h 时，同向或异向行驶车辆的侧向最小安全间距应在 1 m 左右；叉车与人行道的间距应为 0.5~0.8 m，叉车行驶中与周围人、车、物的间距在不断发生变化，要随时观察其动态，及时调整间距。

(2) 叉车在视野盲区的安全驾驶。叉车在行驶中常因地形、建筑物、堆放物及交通工具的影响，使视线受到限制，视线观察不到的地段称为视野盲区。

视野盲区是车辆事故的多发地段。叉车驶近交叉路口时，驾驶员观察叉车两旁的视线往往会被建筑物、树木或其他物体遮挡。为防止因视距不良而发生车辆事故，叉车行至交叉路口时，必须注意观察，并把车速降到安全速度以下。在道路上行车，影响驾驶员横向视距时，应注意以下几点：在不影响来车行驶的情况下，车辆尽量在道路中间位置行驶，以便处理情况；降低车速，使车速保持在一旦发生情况就能安全停车的范围内。叉车是一种专门用来在货场、车间等狭小场地进行装卸、搬运的起重运输机械，超高装载时会影响驾驶员视线，从而扩大视野盲区，给安全操作带来影响，因此，装载货物不得超高。

(3) 在冰雪、雨、雾中驾驶。叉车在冰雪道路上行驶时，因附着力小，车轮容易产生空转或溜滑。积雪地面又会增大行车阻力，故应根据不同情况采取相应的措施，正确驾驶，以确保行车安全。

叉车在雨、雾中行驶时，视线障碍较大，雨中和雨后路面情况也有变化，行车中应掌握这些特点，正确驾驶、操作。雨、雾中行车应适当控制车速，遇情况要及早采取预见性措施。转向不可太快，尽量避免使用制动，切忌使用紧急制动。

在以上天气行车中，转弯时要提前减速，慢打方向，不空挡滑行；保持适当的车与车之间的距离；保持均匀的车速；适当增加转弯半径；不得猛打方向，以防侧滑。

(4) 叉车在车间、库房内的安全驾驶。叉车进、出车间、库房大门时的安全要求：进门车让出门车；车辆进、出车间、库房大门时，应下车用手开门，不准用叉尖顶开大门；必须让行人离开大门后才能进、出大门；当行驶中发现行人紧贴大门让车时，必须停止叉车，让其离开，以防碰伤、擦伤行人；倒车进、出大门时，应有人在前进方向指挥行驶；叉车进、出车间、库房大门时的车速不得超过 5 km/h。

叉车在车间、库房内驾驶操作时，应在车间、库房通道标志线内行驶，车速不得超过 3 km/h；驾驶员应注意观察车间、库房上的架空管线、悬挂物高度和起重机的动态，叉车不得在起重机械的吊钩和索具下通行，并注意其上、下安全通行距离；叉车不准碾压车间、库房跨度间的电动平板车电缆线及应急临时线路；在机床管道和设备旁行驶时，其距离不得小于 0.5 m；夜间不得在无照明的通道上行驶。

模块四　厂区道路基本知识

厂区道路是企业内安全运输及安全生产的重要组成部分。厂内道路网是指根据企业生产发展及安全运输的需要而修建的各种不同类型的厂内道路。随着企业的不断发展,叉车数量的不断增加,企业内原有道路将不适应企业内机动车辆的行驶和作业的需要。因此,一方面要改善企业内原有道路,提高通行能力,改善作业环境;另一方面要重点开辟新的道路及作业场地。合理的道路网能以最小的工程投资获得最大的经济效益;反之,则会造成投资和基建用地的浪费。

一、厂区道路及作业环境

企业应根据厂内生产状态、工艺流程合理组织车辆运输,创造厂区运输、装卸作业的安全条件。厂区内建筑物、设备、绿化物等严禁侵入道路的安全界限,并不得妨碍驾驶员的视线。对于现存的影响叉车行驶的围墙和各种临时建筑物须拆除,对于拆除确有困难的永久性建筑物,在其大修或改造时应予解决,未解决前应制定有效的安全措施,并设置警告标志。

1. 厂区道路

厂区道路的转弯半径应便于车辆通行,主、次干道的最大纵坡一般不得大于 8%,经常运送易燃、易爆危险品专用道路的最大纵坡不得大于 6%。跨越道路上空架设管线或其他构筑物距路面的最小净高不得小于 5 m,现有低于 5 m 的管线和其他构筑物在改、扩建时应予以解决。厂区道路应设置交通标志,设置的位置、形式、尺寸、颜色等应符合《道路交通标志和标线》的规定。在易燃、易爆产品的生产区域或储存地点,应根据安全生产的需要,将道路划分为限制车辆通行或禁止车辆通行的路段,并设置标志。厂区道路的交叉路口,高峰时间每小时机动车流量超过 200 辆,或者自行车、行人流量超过 2 000 次,或者交通比较繁忙而视线条件达不到规定要求时,均应有人指挥并设置信号灯。

厂区道路应经常保持路面平整、路基稳固、边坡整齐、排水良好,并应有完好的照明设施。若厂区内与职工人数较多的车间相衔接的行人通道需跨越铁路线群时,应设置行人地道或天桥。

大、中型厂区道路应采取交通分流，人流量较大的主干道两侧应修筑人行道。在职工上、下班时间内，人流密集的出入口和路段，应停止行驶货运机动车辆。对于路面狭窄、交通量大、容易堵塞的道路应尽量实行单边通行。厂区道路在弯道、交叉口的横净距范围内，不得有妨碍驾驶员视线的障碍物。路面宽度10 m以上的道路应划中心线，实行分道行车。企业内各主要车间应设置自行车棚，对自行车进行集中管理。车间、仓库、施工现场等应有车辆行车通道，行车通道应根据所运物体的最大尺寸、车辆宽度和频繁程度而定。双行通道的宽度不小于两台最宽的车辆宽度之和加上0.9 m；单行通道不小于最宽车辆的宽度加上0.6 m。未经企业或车辆交通安全主管部门同意，不准挖掘、占用道路，在道路施工期间，工地须设置规定的施工标志并采取必要的安全防范措施。

2. 叉车装卸场地

企业应根据生产规模、原材料储备量设置相应的装卸场地和堆场。装卸场地和堆场的地面应平坦、坚固，坡度不得大于2%，并应有良好的排水设施。装卸场地和堆场应保证装卸人员、装卸机械和车辆有足够的活动范围和必要的安全距离，其主要通道的宽度不得小于3.5 m，物料堆垛的间距不得小于3 m，并应设置安全标志。装卸场地应有良好的照明装置，照明度不得小于3 lx。装卸场地和堆场应根据需要设置消防和防护措施。物料应按品种、特性和安全要求分类堆放。

二、厂区道路的安全要求及交通安全标志

1. 厂区道路的安全要求

厂区道路的几何线型、有关技术指标、路面质量、通过能力、交通设施及交通态势等对安全行车都会产生很大的影响。实践证明：厂区道路标准高、车道宽、设施齐全则事故就少；厂区道路狭窄、凹凸不平、泥泞积水、坡度大等均会影响安全驾驶，往往会发生交通事故。

厂区的安全运行首先要求厂区道路平面布置、宽度、路面、路层、坡度等应适应企业生产、运输、防振、防尘及搬运、装卸机械化和企业发展的需要，并设置交通标志。其设置的位置、形式、尺寸及颜色等须符合国家标准和公安部、交通部颁布的现行规定。厂区道路设计应符合国家《工业企业内运输安全规程》的有关规定。例如：一般厂矿企业内主要道路宽度应为 6～8 m；次要道路路宽为 4～6 m，厂房引道应与车间大门宽度相适应。最大纵坡度不超过 8％（经常运送易燃、易爆危险品的专用道路最大纵坡度不得大于 6％）。厂区道路转弯半径影响车辆通行时，应对其进行适当调整。

2. 厂区交通安全标志

（1）安全色、对比色。安全色是表达安全信息含义的颜色，其目的是使人们能够迅速发现或分辨安全标志，用以提醒人们注意，以防发生事故。安全色有红、黄、蓝、绿四种；对比色有黑、白两种。其对比及间隔条纹标志的含义是：红、白色对比为禁止；蓝、白色对比为指令；黄、黑色对比为警告；绿、白色对比为提示。红、白色间隔为禁止超越，它一般应用于交通公路上的防护栏杆；黄色与黑色为警告危险，应用于厂区防护栏杆、铁路与公路交叉道口上的防护栏杆等处。厂区内装设安全标志的目的是为引起职工对不安全因素的注意，预防事故的发生。

企业内运输的安全标志应根据国家标准《安全色》《安全标志》的规定进行制作。

（2）厂区交通安全标志。安全标志由安全色、几何图形和图形符号等构成，用以表达特定的安全信息。补充标志的文字说明必须与安全标志同时使用。厂区交通安全标志的设置常用如下几种：

1）警告标志。即警告车辆、行人注意危险地点的标志。其形状为等边三角形，顶角朝上。其颜色为黄底、黑边、黑图案。它在交叉路口使用时，即交叉路口和铁路与道路交叉点的标志；

在危险地点使用时,即危险、陡坡和急转弯等的标志。

2) 禁令标志。即禁止或限制车辆、行人交通行为的标志。其形状分为圆形和顶角朝下的等边三角形。除个别之外,其颜色均为白底、红圈、红杠、黑图案,图案压杠。禁令标志主要用于限制车辆行进、禁止车辆通行、禁止车辆停放等。

3) 指示标志。即指示车辆、行人行进的标志。其图形为长方形、正方形和圆形,颜色为蓝底的图案,适用于厂区交通运输《安全标志》中的"太平门"和安全通道。

4) 辅助标志。辅助标志的颜色为白底、黑字、黑边框,几何形状为长方形,安装在主标志下面,紧靠主标志的下缘。辅助标志主要用于表示时间、车辆种类、区域或距离、警告或禁令理由等。辅助标志共有17种。

厂区交通安全标志应结合企业需要制作和埋设,以预防厂区交通运输事故的发生。

模块五　叉车作业及注意事项

一、叉卸货物作业训练

叉车作业时,主要完成货物的叉取、途中运输和将货物卸到目的地等工作。下面介绍叉车的叉卸货物技术。

1. 货物的叉取和卸放

(1) 叉车叉取货物。叉车叉取货物的过程可以概括为八个动作。

1) 驶近货垛。叉车起步后,根据货垛位置驾驶叉车行驶至货垛前面停稳。

2) 垂直门架。叉车停稳后,将变速杆放入空挡,将倾斜操纵杆向前推,使门架复原至垂直位置。

3) 调整叉高。向后拉升降操纵杆,提升货叉,使货叉的叉尖对准货下间隙或托盘叉孔。

4）进叉取货。将变速杆挂入前进Ⅰ挡，叉车向前缓慢行驶，使货叉叉入货下间隙或托盘的叉孔。当叉臂接触货物时，将叉车制动。

5）微提货叉。向后拉升降操纵杆，使货叉上升到叉车可以离开并运行的高度。

6）后倾门架。向后拉倾斜操纵杆，使门架后仰至极限位置。

7）退出货位。将变速杆挂后倒Ⅰ挡，缓解制动，叉车后退到货物可以落下的位置。

8）调整叉高。向前推升降操纵杆，放下货叉至距地面200～300 mm 的高度。向后起动，驶向放货地点。

操作要求：不管是倾斜门架还是调整叉高，要求动作连续，一次到位，切勿反复调整，以提高作业效率。进叉取货时，可通过离合器控制进叉速度。当货叉完全进入货下间隙或托盘叉孔后，停车制动，变速杆放入空挡，然后完成其他动作。叉车载货行驶时，门架一般应在后倾位置，当叉取特殊货物使门架不能后倾时，也应使门架处于垂直位置，否则，应采取捆绑等措施。决不允许重载叉车在门架前倾状态下行驶。

(2) 叉车卸下货物。叉车卸下货物的过程也可概括成八个动作。

1）驶近货位。叉车驶向卸货地点停稳，做好卸货准备。

2）调整叉高。向后拉升降操纵杆，货叉起升对准放货所必需的高度。

3）进车对位。将变速杆置于前进挡，叉车缓慢前进。使货叉位于待放货物（托盘）处的上方，停车制动。

4）垂直门架。向前推倾斜操纵杆，门架前倾，恢复至垂直位置。有坡度时，允许门架前倾。

5）落叉卸货。向前推升降操纵杆，使货叉缓慢下降，将货物（托盘）平稳地放在货垛上，然后使货叉稍微离开货物底部。

6) 退车抽叉。将变速杆置于后倒挡,缓解制动,叉车后退至能将货叉落下的距离。

7) 后倾门架。向后拉倾斜操纵杆,门架后倾至极限位置。

8) 调整叉高。向前推升降操纵杆,放下货叉至距地面 200~300 mm 处,叉车离开,驶向取货地点,开始下一轮的取、放货作业。

操作要求:操作操纵杆时,动作要柔和,速度要适当,严禁突然起升或下降货叉,以免货物散落、损坏或伤人。对准货位时,在货叉与货位之间应留有适当距离,用以微调叉车,使其对正货位,严禁打死方向。垂直门架的操作一定要在对准货位以后进行,保证叉车在门架后倾状态下移动。落叉卸货后,抽出货叉时,货叉高度要适当,禁止拖拉、刮碰货物。叉取托盘时,货叉应对准托盘的插入孔,水平地插入,尽量避免碰撞。

2. 叉车装卸、堆垛操作技术要点

叉车的最大起重量是指货物重心与载货中心处于同一铅垂线时,叉车所能装卸货物的最大质量。载荷中心是指货物重心到货叉垂直段前壁的水平距离。一般情况下,叉车的载荷中心为 400~600 mm。当货物重心在载荷中心范围内时,叉车能按额定起重量进行正常的装卸作业;当货物重心超出载荷中心范围时,即有可能破坏叉车的纵向稳定性,叉车就不能按额定起重量进行装卸作业,并有可能发生事故。为此,驾驶员必须按所驾驶叉车的使用说明书要求的载荷中心装载。若其货物重心超出载荷中心范围时,应相应减少一定的装载量,以确保驾驶、操作安全。

叉车常在车间、货场或仓库内做短距离的往返搬运作业,而这些场所的道路都比较狭窄、弯曲,在狭路上车辆侧向空间很小,货物超宽会影响叉车的通过能力,并增加了与其他物体撞擦、碰剐的机会,从而发生事故。叉车运行中必须与左右两侧的障碍物保持一种最小的侧向安全间距,才能不发生碰剐。车速越快,叉车的稳定性越差,摆动幅度也越大,对最小安全间距的要求也越大，叉车至障碍物的最短距离也应加大。当在弯曲道路上行驶时，车辆会产生离心力，离心力与车速成正比，当其达到一定限度时，就容易使叉车发生横向倾覆，因而，转弯时车速一定要慢。另外，叉取货物是靠其属具来支撑或夹取的，不予捆扎，往往靠货物的自重定位，此时车速快，车的稳定性差，摆动幅度大，货物的稳定性不良，容易产生货物倾覆的危险。

叉车的发动机一般纵向安装在叉车的后部，且平衡重式叉车的尾部都装有平衡重块，因此，在空载情况下，叉车的纵向稳定性好。装载后，由于载荷重心位于车轮支撑轮廓之外，因此纵向倾覆的可能性就大。叉车在实际作业中，使用不同的工作属具和操作方法，其纵向稳定性也不同。例如：叉车处于纵向斜坡上时使用吊钩作业，当起重门架前倾且货物上升到叉车的最大起升高度时，叉车的纵向稳定性下降很多，此时叉车最可能发生纵向倾覆。叉车在斜坡上急转弯时，若货物举升过高，车速过快，在离心力作用下很可能发生横向倾覆。叉车行驶的稳定性又是安全操作中一个至关重要的问题，因此，在实际工作中除必须尽量降低转弯时的车速之外，还须尽可能选择坡道平缓、转弯半径大的路线行驶，且适当降低货物重心，以提高叉车的稳定性。在驾驶作业时，应严格按照操作规程和安全规程操作，正确处理作业中的各种情况，以确保叉车的安全作业。

熟悉与了解叉车的作业情况、作业范围对于正确地选用叉车是有帮助的。叉车相对于其他装卸、搬运设备（如桥式起重机、龙门起重机等）来说，具有外形尺寸小、能自行装载和卸载、带载运行、运行通道小、回转空间小等特点。实际作业时叉车还能减少装卸人员1～2人，装卸搬运时装卸人员不直接接触货物，从能直接装卸的角度看，安全性较高。由于叉车能自行完成装卸、运行、堆垛作业，装卸搬运效率较高，装卸量也大，而且作业时装卸、搬运占地面积小，库房面积的利用率高，同时叉车最大的特点是能与其他装卸、搬运机械配合作业，所以使用叉车能跨越车间厂房进行装卸、搬运、堆垛工作，特别是能在作业流水线上使用叉车进行定量、定时的装卸、搬运工作，这一点是其他装卸、搬运机械所不能相比的。

叉车还能作为牵引车辆及牵引平板车向流水线上输送设备、输入与输出货物。如果叉车装上多种属具，还能装卸、搬运多种特种形状的货物。

使用叉车进行装卸、搬运作业时存在的局限性和缺点是：当装卸、搬运货物的距离太长或搬运距离超过 150 m 时，显然是不经济的；门架会发出抖动声；对运行线路的路面有一定的平整度要求。

选用叉车时应考虑运行通道和路面要求，平路面或无法避免炉渣、废金属的路面宜使用实心轮胎的叉车；路面不平整应选用充气轮胎的叉车；在堆垛作业或需有效利用货场、仓库空间的场合时，宜选用大起升高度的高门架或多级门架的叉车；在低门框或低空间高度的库内作业和进入集装箱内作业时，可选用低门架（低起升高度）叉车或带全自由起升货叉的叉车。

叉车作业中，在规定的载荷中心，货叉最大负载不得超过额定起重量。若货物重心改变（如货物重心升高）时，其装载量应相应减少。根据货物大小调整叉间距离，使货物质量均匀地分配在两叉之间。不得用货叉来拔起埋入物，必要时先计算拔取力。货叉插入货堆时，货叉架应前倾；货物装入货叉后，货叉架应后倾，使货物紧靠叉壁，然后才允许行驶。升降货叉架时，一般应在垂直位置下进行。装卸货物时，必须使用手制动器，使叉耳稳定。叉架下严禁站人，更不得用货叉带人起升。货物起升、降落时速度不能过快。货叉前、后倾斜至极限位置或升至最大高度时，必须迅速地将操纵手柄置于中间静止位置，在操纵一个手柄时，注意不使另一个手柄移动。货物升降时，一般应在门架垂直位置时进行；载货运行时，货叉应离地面 300 mm 左右，不得紧急制动和急转弯。载货叉车不得在大坡度路面上长时间停车，也不允许快速下行，必要时应倒退下行。搬运大体积货物时，如果货物挡住驾驶员视线，叉车应低速倒退行驶。严禁停车后让发动机空转而无人看管，更不允许将货物吊于空中时驾驶员离开驾驶位置。叉车中途停车、发动机空转时，应后倾并收回门架，当发动机停车后应使滑架下落，并前倾使货叉着地。在作业过程中，若发现可疑的噪声或不正常的现象，必须迅速停车检查，及时采取措施加以排除，不得"带病"作业。叉车停车后应拉紧手制动器，换挡杆置于空挡，发动机熄火之前需怠速运转 2～3 min；低温时放冷却水，检查各部件是否坚固，清洗车内、外的污物，排除漏油、漏水现象。

二、正确使用叉车属具

1. 根据功能选择属具

用户可根据搬运工况和货物的需求选择属具的品种及规格。如搬运冰箱、电视机等家电用品时可选择纸箱夹，其整体式夹臂和薄型接触垫可减少纸箱的破损，同时与四挡调压阀配合使用，调定合适的压力，即可使货物不会掉落，又不会因压力过大而夹坏货物。另外可根据货物的尺寸选择属具的规格，在整车承载能力、属具自身承载能力满足的情况下，选择的张臂范围（即属具规格）应使其尽可能多地夹持货物，从而提高工作效率，节约费用。

2. 选择适当的叉车属具

在配装叉车属具时首先需注意安装等级必须相同。世界各国对叉车货叉架的标准均采用 ISO 2328—1993《叉车挂钩型货叉和货叉架的安装尺寸》，我国各叉车厂家生产的各吨位货叉架严格按 GB/T 5184—1996 进行设计，因此在选择属具时，只要使所选属具安装等级与货叉架安装等级相同，则叉车与属具的相互匹配是没有问题的。

在一些特殊情况下，可通过对属具或叉车的安装等级进行调整，从而使原本不同安装等级的属具和叉车能够相互匹配。如用户已有一个纸卷夹，为了提高叉车与属具匹配后的综合承载能力，希望订购一辆 3t 的叉车，为满足用户需求，便可对叉车货叉架进行重新设计，使货叉架上、下横梁间距满足安装尺寸，从而使该纸卷夹和 3t 的叉车相互匹配。还可通过与属具厂家的联系，在不影响属具功能的前提下，可对属具的安装等级进行调整。在通常情况下，属具和叉车的型号均可自由选择，不需进行调整，避免用户额外增加改装费用。

3. 所选用的属具应能满足承载能力

在考虑承载能力是否满足用户需求时，首先应考虑所选用属具的承载能力是否满足用户所需的起重量，其次考虑整车的综合承载能力能否满足要求。属具的承载能力可从属具厂家提供的样本查得，整车综合承载能力可通过计算得到。

整车综合承载能力是属具与叉车匹配的一个至关重要的参数。属具与叉车匹配后，由于属具的自重和载荷中心前移等因素，整车承载能力将会下降，因此在选择属具型号和叉车吨位时，必须进行整车综合承载能力的计算，在满足用户起重量需求的情况下，尽量进行最合理、最经济的匹配。

4. 属具的选型与使用安全

目前具有竞争力的叉车属具有众多生产厂家和品牌，大部分品牌均采用全部进口或部分零部件国内生产的方式，性能比较稳定，产品各有特点，用户可以通过对其以下几点进行比较，从而得到合理经济的选型。

（1）经济性比较。一次购进成本及零配件更换成本低，保修期长。

（2）属具的操作性能及失载距的比较。要求操纵便捷、设计合理并且失载距小。

（3）机动性能好。要求属具体积小、质量轻、结构紧凑，相同规格属具的额定载重量高。

（4）使用寿命长及故障率低，安全性好，并要求低噪声、低振动。

(5) 售前、售后技术服务到位,由于叉车厂家对部分属具不完全了解,这就要求属具厂能够提供必要的技术支持。

各种属具多由短的活塞式液压缸、高压胶管、胶管卷绕器、快速接头、O形密封圈、属具专用件等组成。这些零部件可参照一般液压件进行清洁、维护。在属具使用中除应注意管路系统的渗油、破裂等异常现象外,特别是对属具的允许载荷、起升高度、货物的尺寸、属具的适应范围和运行时的宽度等均应严格地按属具的性能参数表执行,既不能超载,又不能偏载。如需偏载作业时,中、小吨位带属具的叉车短时偏载范围应在±150 mm以内。

习 题

1. 叉车作业时应遵守哪"七不准"?
2. 简述叉车作业时的操作检查制度。
3. 简述内燃叉车操纵机构和仪表的作用及使用方法。
4. 厂区交通安全标志有哪几种?
5. 如何选择叉车属具?
6. 叉车作业的安全注意事项有哪些?

单元四　内燃叉车的维护

企业内叉车在行驶作业中，由于车辆内部机构的变化和受到外界各种运行条件的影响，其机构、零件必然逐渐产生不同程度的松动、磨损、机械损伤、变形及积污结垢等现象，甚至会出现损坏或断裂，从而出现故障或事故。为预防和消除叉车的故障，保持其技术状态的完好，提高叉车的完好率和运用效率，延长叉车的使用寿命，对叉车进行定期维护和计划修理是必要的。叉车的维护、检修工作是保证叉车技术状态良好，完成装卸运输任务的关键之所在。

模块一　叉车的维护制度

一、维护的目的

叉车在运行过程中，由于受外界运行条件的影响，各部件发生摩擦、振动、冲击，以及承受自然因素的侵蚀，致使叉车的技术状况逐渐变坏，造成叉车动力性能下降，经济性能变差，安全性能和可靠性能降低，甚至发生事故。为保证叉车在使用中有良好的技术状况和较长的使用寿命，应建立叉车计划预防维护制度，以保持车辆外观整洁，降低零部件的磨损速度，防止不应有的损坏，主动查明故障和隐患并及时予以消除。根据叉车零部件磨损的客观规律，制订出切实可行的计划，定期进行维护作业。叉车维护的目的主要有以下几个方面：

（1）使叉车经常处于完好状态，随时可以出车，提高车辆完好率。

（2）在合理使用的条件下，不致因中途损坏而停歇，不致因机件损坏而影响行车安全。

（3）结合定期检测，确定维护和小修作业，最大限度地延长整车和各总成的大修间隔里程。

（4）在运行中降低燃料、润滑材料、零部件以及轮胎的消耗。

（5）减少叉车噪声和尾气对环境的污染。

（6）保持车容整洁，及时发现并消除故障隐患，防止叉车早期损坏。

二、维护的基本原则

叉车维护的基本原则有以下几个方面：

（1）叉车维护的原则是"预防为主、强制维护"。

（2）严格执行技术工艺标准，加强技术检验，实现检测仪表化。采用先进的不解体检测技术，完善检测方法，使叉车维护工作科学化、标准化。

（3）叉车维护作业除主要总成发生故障必须解体时，一般不得对其解体。

（4）叉车维护作业应严密作业组织，严格遵守操作规程，广泛采用新技术、新材料、新工艺，及时修复或更换零部件，改善配合状态并延长机件的使用寿命。

（5）在叉车全部维护工作中，要加强科学管理，建立和健全叉车维护的原始记录和统计制度，由专人负责，随时掌握叉车的技术状态。通过原始记录和统计资料经常分析、总结经验，发现问题，改进维护工作，不断提高叉车的维护质量。

三、维护的基本要求

叉车维护的基本要求有如下几个方面：

（1）要严格遵守维护作业的操作规程，做到安全生产。

（2）要正确使用工具、量具及维护设备。拆装螺栓、螺母时应尽量使用套筒、开口和梅花等呆扳手，扳手的尺寸与螺母、螺栓的规格一致，不应过大；使用活扳手的方法应正确，不允许用活扳手代替锤子敲打；不允许用手虎钳代替扳手拆装螺母、螺栓；不允许用旋具代替錾子或撬杠使用。

（3）主要零件的螺纹部分如有变形或拉长则不可使用。

（4）拆装机件时，应避免其工作表面受损伤。应尽量使用拉、压工具或专用工具进行机件的拆装。禁止使用锤子或冲头直接锤击工作表面，必须锤击时可用木质或橡胶锤子或软金属棒敲击。

（5）对于一些要求保持原配合或运动状态的部位，在分解时应做好记号，以便按原位装复。

（6）拆装轴承应使用专用工具。

（7）所有使用的量具和仪表都必须经定期检验合格，以保持其精度和灵敏度。

（8）在装配前应仔细检查零部件的工作表面，如有碰伤、划痕、突出物、麻点等应修整后才能装配。

（9）全部润滑油嘴、油杯等应齐全、有效，所有润滑部位都应按要求加注润滑油。

四、维护等级的划分

维护等级一般划分为日常维护、定期维护、走合维护、换季维护和封存维护几个等级。其中，定期维护中又分为一级维护与二级维护，修理等级分为大修、中修和小修。

（1）日常维护是以清洁机械、外部检查为主要内容，通常由操作手在每次作业前后进行。

（2）定期维护是叉车在使用一定时间后所进行的一种维护，分为一级维护和二级维护；定期维护与大、中修重合时可一并进行。一级维护是每使用 1 个月进行一次，二级维护是每使用 6 个月进行一次。

（3）走合维护是对新出厂的或大修后的机械在使用初期所进

行的维护，其内容和方法除按日常维护要求进行外，还要进行加载试验，各项性能指标应符合说明书上的要求。

（4）换季维护是指全年最低温度在－5℃以下的地区，机械在入冬、入夏前进行的维护。如与二级技术维护重合时，可结合进行。

（5）封存维护是指预计两个月以上不使用的叉车，均应进行封存。封存的叉车技术状态须良好；封存前应根据不同车况进行相应种类和级别的维护，达到技术状态良好；新车、大修车后的叉车，一般应完成走合后再封存。

五、维护的主要作业事项

维护是一项预防性的作业，其主要内容是清洁、检查、紧固、调整、防腐和添加、更换润滑油（脂）等维护与保养工作。

1. 清洁作业

清洁作业是提高车辆维护质量，减轻机件磨损和降低油脂和材料消耗的基础，并可为检查、紧固、润滑和调整等作业做好准备。清洁作业总的要求是机械各部件整洁干净无污垢，各滤清器工作正常，各管路畅通无阻，制动液、液压油无污染。

2. 检查作业

检查作业是通过外观检视、测量和试验等方法来确定各部件技术性能是否正常，工作是否可靠，外部机件有无变形、松动、损坏等情况。检查作业是为正确使用、维护和维修叉车提供可靠依据。检查作业总的要求是：认真全面地对车辆进行检查，及时发现并处理存在的问题。

3. 紧固（定）作业

由于叉车工作中的颠簸、振动和机件热胀冷缩等原因，各紧固件的紧固程度必然发生变化，产生松动、损坏和丢失。因此，紧固作业是叉车维护的一项重要作业，紧固作业总的要求是：各紧固件完好无损、牢固可靠、拧紧程度符合要求。

4. 润滑作业

润滑作业是延长叉车和牵引车使用寿命的重要措施,对润滑作业总的要求是:按照不同的地区和季节,正确选用润滑剂品种;油嘴、注油口及注油工具均应擦拭干净;加注油品应正确、清洁,加注油量符合要求。

5. 调整作业

调整作业是恢复叉车良好技术性能和确保正常配合间隙的重要工作。调整工作的好坏直接影响叉车的经济性和可靠性。调整作业必须根据实际情况及时进行。调整作业总的要求是:熟悉各部的调整技术要求,按照技术要求和有关的操作方法、步骤,认真细致地进行调整。

模块二　叉车维护的项目及内容

一、日常维护

日常维护是由每班的司机对叉车进行清洗、检查和调试。它是以清洗和紧固为中心的每日进行的项目,是车辆维护的重要基础。其工作是:清除叉车上的污垢、泥土和灰尘;检查并添加发动机冷却水、润滑油及燃油;低温时(无防冻液的)冷却系统放水;检查叉车各部分连接件的紧固情况等。叉车日常维护的内容有如下一些方面:

(1) 清洗叉车上的污垢、泥土和灰尘,重点部位是货叉架及门架滑道、发电机及起动器、蓄电池电极柱、水箱、空气滤清器。

(2) 检查各部位的紧固情况,重点是货叉架的支撑、起重链拉紧螺钉、车轮螺钉、车轮固定销、制动器、转向器螺钉。

(3) 检查脚制动器、转向器的可靠性、灵活性。

(4) 检查渗漏情况,重点是各管接头、柴油箱、机油箱、制动泵、升降油缸、倾斜油缸、水箱、水泵、发动机油底壳、液力变矩器、变速器、驱动桥、主减速器、液压转向器、转向油缸。

（5）除去机油滤清器的沉淀物。

（6）检查仪表、灯光、蜂鸣器等的工作情况。

（7）上述各项检查完毕后，起动发动机，检查发动机的运转情况，并检查传动系统、制动系统以及液压升降系统等的工作是否正常。

二、一级技术维护

一级技术维护是以清洗、紧固、润滑为中心的定期进行的项目。它除执行日常维护规定的工作内容外，主要应对规定部位添加、更换润滑油（脂），并对叉车的易磨损部位逐项进行认真的检查、调试和局部的更换工作。叉车一级技术维护的主要内容有以下几个方面：

（1）检查汽缸压力或真空度；检查并调整气门间隙；检查节温器的工作是否正常。

（2）检查多路换向阀、升降油缸、倾斜油缸、转向油缸及齿轮泵的工作是否正常。

（3）检查变速器的换挡工作是否正常；检查并调整手、脚制动器的制动片与制动鼓的间隙。

（4）更换油底壳内的机油，检查曲轴箱通风接管是否完好，清洗机油滤清器和柴油滤清器的滤芯。

（5）检查发电机及起动机的安装是否牢固，其各接线头是否清洁、牢固，检查电刷和整流子的磨损情况。

（6）检查风扇传动带的松紧程度。

（7）检查车轮的安装是否牢固，轮胎的气压是否符合要求，并清除胎面嵌入的杂物。

（8）由于进行维护工作而拆散零部件，当重新装配后要进行叉车的路试。

1）测试不同程度下的制动性能，应无跑偏、蛇行。在陡坡上，手制动器拉紧后能可靠停车。

2) 倾听发动机在加速、减速、重载或空载等情况下运转时有无不正常的声响。

3) 路试一段里程后，应检查制动器、变速器、前桥壳、齿轮泵处有无过热现象。

4) 检查货叉架的升降速度是否正常，有无颤抖现象。

（9）检查柴油箱进油口过滤网是否堵塞、破损，并清洗或更换滤网。

三、二级技术维护

二级技术维护是维护性修理。二级技术维护除完成一级技术维护规定的工作内容外，重点应根据零部件的自然磨损规律、运转中发现的故障或其征兆，有针对性地进行局部的解体检查，对磨损超限的一般零件予以修理或更换，以消除因零件的自然磨损或因维护、操作不当造成的叉车局部损伤，使叉车处于正常的技术状态。

二级技术维护是以检查、调整、防腐为中心的项目，主要对叉车进行部分解体、检查、清洗、换油、修复或更换超限的易损零部件。除按一级技术维护各项目外，还应增添下列工作：

（1）清洗各油箱、过滤网及管路，并检查有无腐蚀、撞裂，清洗后不得用带有纤维的纱布等擦拭；清洗液力变矩器、变速箱，检查零件的磨损情况，更换新油。

（2）检查传动轴轴承，视需要调换万向节十字轴的方向；检查驱动桥各部件的紧固情况及有无漏油现象，疏通气孔；拆检主减速器、差速器，调整轴承的轴向间隙，添加或更换润滑油。

（3）拆检、调整和润滑前后轮毂，进行半轴换位。清洗制动器，调整制动鼓和制动蹄摩擦片间的间隙；清洗转向器，检查转向盘的自由转动量。

（4）拆卸及清洗齿轮油泵，注意检查齿轮、壳体及轴承的磨损情况；拆卸多路阀，检查阀杆与阀体的间隙，如无必要切勿拆开安全阀。

(5) 检查转向节有无损伤和裂纹，检查转向桥主销与转向节的配合情况，拆检纵、横拉杆和转向臂各接头的磨损情况；拆卸轮胎，对轮辋除锈、涂漆，检查内、外胎和垫带，换位并按规定充气。

(6) 检查手制动机件的连接及紧固情况，调整手制动杆和脚制动踏板的工作行程。

(7) 检查蓄电池电液的密度，如与要求不符，必须将其拆下进行充电；清洗水箱及油液散热器。

(8) 检查货架、车架有无变形；拆洗滚轮；查看各附件的固定是否可靠，必要时添补、焊牢。

(9) 拆检起升油缸、倾斜油缸及转向油缸，更换磨损的密封件。

(10) 检查各仪表的传感器，熔丝及各种开关，必要时进行调整。

四、走合维护

新车、大修车以及只大修发动机的车在初期行驶的阶段内（一般为1 000～1 500 km）对车辆进行维护，称为走合维护。

新车或大修叉车虽然经过磨合，但零件加工表面仍比较粗糙，各运动零部件的磨损较大，被磨落的金属屑较多。此外，各部分连接机件经过初期使用后也容易松动，车辆技术状况变化较大。走合期是保证叉车长期行驶的先决条件，因此，在走合期内必须认真做好走合维护。

经常检查、紧固各部件外露螺栓、螺母，注意各总成在运行中的声响和温度变化，及时地进行适当的调整或修理，防止叉车出现故障和损伤，使运转机件良好地磨合，以延长叉车的使用寿命。

在走合期内，叉车除按规定限速、减载（减少载重量20%～25%），选用优质燃油和润滑油及保持正确的驾驶操作外，并应在走合前期、走合中期及走合后期进行三次维护。

五、换季维护

为了保证叉车在冬、夏季的合理使用、正常运行，必须采取相应措施，以适应气候的变化。

在季节转换之际，应结合二级或三级维护作业，并附加一些相应的项目，此种维护称为换季维护，其附加项目如下：

（1）检查保温装置。

（2）检查冷却系，清除水套、散热器内的水垢，检查节温器性能和放水开关等。

（3）调整油、电路和歧管预热装置。

（4）按规定调整蓄电池的电解液密度。

（5）按标准清洗并加注冬、夏季润滑油。

（6）冬季应采取防寒、防冻、防滑等措施。

模块三　叉车的用油及润滑

一、润滑剂的选用

1. 润滑剂的功用及种类

润滑剂对相互摩擦的运动机件具有减摩、降温、清洁、除锈和吸振等作用。叉车上的润滑一般有压力润滑、飞溅润滑和浸浴润滑等形式。由于润滑直接影响机件的磨损，所以必须正确选用润滑剂，这也是叉车日常维护中的一项重要内容。

发动机用润滑机油品种很多，使用时要根据机型和季节的变化来选用。选用指标是机油黏度，它随温度而变化。一般温度高则黏度小；温度低则黏度大。冬季使用应选用黏度小的机油，而夏季使用应选用黏度大的机油。

传动用润滑油一般可分为齿轮油和双曲线齿轮油两种。齿轮油常用于变速器、差速器等总成。齿轮油分为车辆齿轮油和工业齿轮油，其中车辆齿轮油分为普通车辆齿轮油（用于手动变速箱和曲线齿锥齿轮驱动桥）和重负荷车辆齿轮油（用于准双曲面齿轮驱动桥，也可用于手动变速器）。根据规定，普通车辆齿轮油按黏度（100℃）分为 80W/90、85W/90 和 90 三个牌号；重负荷车辆齿轮油按黏度（100℃）分为 75W、80W/90、85W/90、85W/140、90 和 140 六个牌号（带"W"者称多级油，不带"W"者称单级油）。工业齿轮油分为普通开式齿轮油（主要用于开式齿轮、链条和钢丝绳的润滑）和工业闭式齿轮油（用于工业闭式传动装置）。普通开式齿轮油按黏度（100℃）分为 68、100、150、220、320 五个牌号。工业闭式齿轮油按品种分为 L—CKB、L—CKC 和 L—CKD 等型号；按黏度（100℃）分为 68、100、150、220、320、460 和 680 等牌号。齿轮油是根据地区、季节的气温和齿轮类型来选用的，气温低宜用黏度小的牌号，反之则选用黏度大的牌号。

润滑脂适用于低速、高载或高温、工作环境潮湿、密封条件差的摩擦机件，其主要质量指标是滴点和针入度。润滑脂按针入度大小编号，号数大表示针入度低、较稠。冬季宜用号数小的润滑脂；速度低、负载大的机件应选用号数大的润滑脂。

2. 叉车驱动桥齿轮油的合理选用

（1）齿轮油的选用

1）黏度等级的选择。工业齿轮油的黏度分类是按 GB/T 3141—1994《工业液体润滑剂 ISO 黏度分类》标准执行的，由齿轮节线速度、齿轮材质及表面应力大小确定。

2）质量级别的选择。主要根据齿面接触应力确定质量级别，一般来说，质量等级应该就高不就低，高档油可用于低档场合，反之则不宜。

3）叉车驱动桥所用的齿轮油。进口叉车都使用美孚车用齿轮油，该油符合美国石油协会 API 品质分类 GL—4 等级要求，是一种多用途的齿轮油，具有良好的防腐蚀及防锈能力，适用于双曲线齿轮。国产叉车都使用220号的中负荷齿轮油（GL—4），该油是在抗氧防锈工业齿轮油的基础上提高了极压抗磨性，适用于中等负荷运转的齿轮。

（2）使用齿轮油的注意事项

1）注意防止混入水分及杂质。

2）根据环境温度选择适当黏度等级的油品，确保高、低温工作条件下的润滑要求。

3）在使用中应经常检查油量的多少。油量过多则内压高而漏油，使得半轴油封损坏，制动失效；油量过少则使齿轮、轴承润滑不良，机件磨损加剧。

4）要适时检查齿轮油的性能指标和污染情况，如超标则要更换。换油时应将齿轮箱清洗干净再注入新油，加油量要适当。

叉车的润滑系统如图4—1所示，BJCPQ10型叉车整车润滑点及间隔时间如图4—2所示。

（3）齿轮油性能指标及污染物的测定

1）含水量的测定。可采用定性分析和定量测定相结合的方法，通常用百分数来表示。含水量超过0.2%时要更换新油。

2）黏度的测定。检测油液的运动黏度，当黏度变化率超过新油黏度的±10%时要考虑更换新油，并要查明黏度变化的原因。

3）固体颗粒及污染物的测定。可采用光谱分析和铁谱分析法来测定油液中的固体颗粒和污染物的成分和含量。当铁谱分析中的钢、铁质黏着擦伤颗粒的尺寸大于200 μm，或有60 μm的钢质黏着擦伤颗粒并且其含量多于10%时应更换新油。

3. 液压系统的换油工艺

液压油使用时的注意事项：保证液压油的品种、牌号和质量符合叉车使用要求，不同品种和牌号的液压油不得混用。在加油过程中，防止水分和杂质混入，使用中，发现有机械杂质时，应及时沉淀过滤。液压油的使用温度应控制在65℃以下，最高油

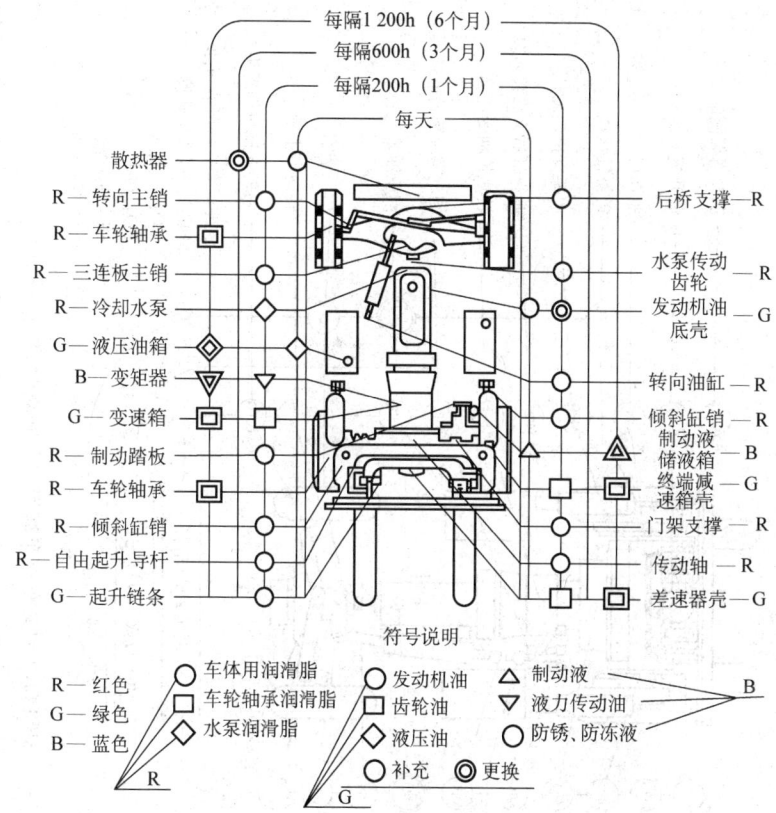

图 4—1 叉车的润滑系统

温不得超过 90℃。若油液温度过高，会加速油液的氧化变质，生成酸性物质腐蚀金属，并使油液变稀，造成内部泄漏增多，甚至使液压元件不能正常工作。

（1）使用期限。液压油的使用期限通常是根据实际使用情况来确定的。有条件时，可用光谱分析或薄膜过滤技术定期取样化验，鉴定油液的污染程度和质量变化，当超出规定范围时，就应立即更换。若无这些分析手段，则可采用经验法，凭直觉判断油液的污染程度和质量变化，确定换油期。其具体方法是：从工作

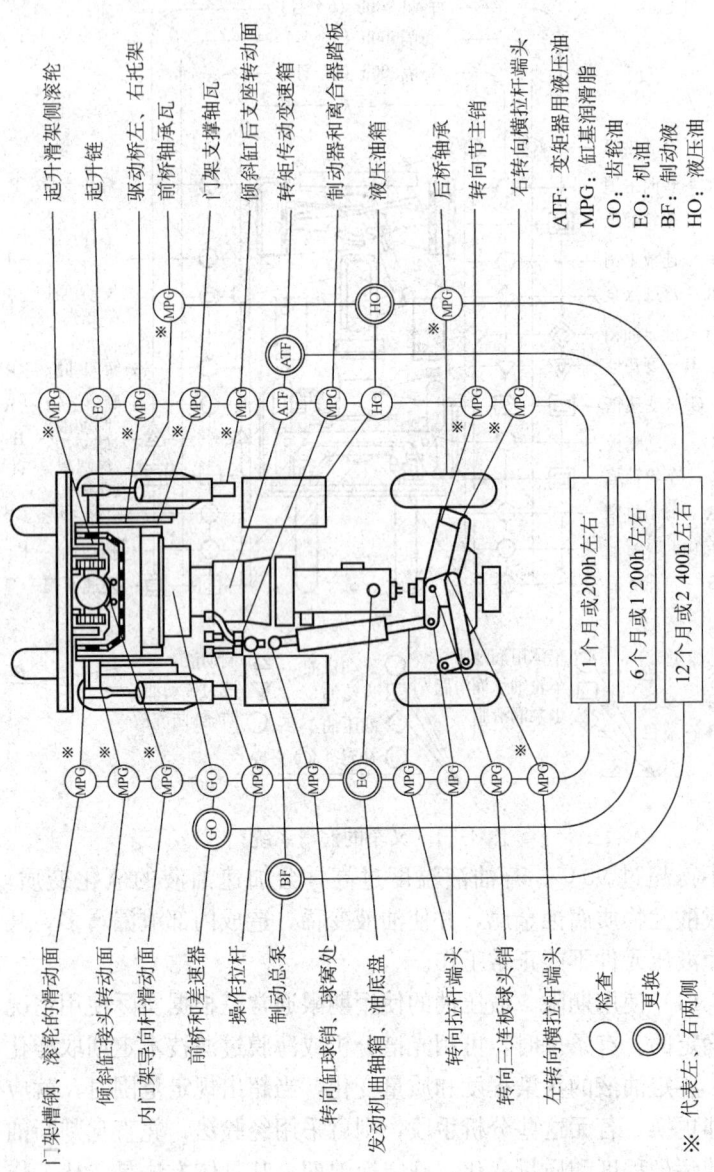

图 4—2 BJCPQ10 型叉车整车润滑点及间隔时间

油箱上部和底部分别采取油样，放在透明的容器中，与同样盛装新油的容器进行对比观察。若旧油呈乳白色，说明油中混入0.02%以上的水分，也可能是混入了空气。当静置 5～10 h 后，气泡引起的乳白色消失，油液会重新变得透明；而水分引起的乳白色却仍然存在。若油中混入固体杂质，可在光线的照射下用新油进行对比观察。静置 24 h 后，取出沉淀物进行判断。当发现油的质量有显著变化，水分的混入引起浑浊现象，金属粉末杂质大量侵入，以及与异种油液混合时，就得立即更换。也可根据叉车累计工作小时或液压油的换油时间来确定换油期。在正常使用条件下，叉车累计运转 800～2 000 h，或机械油使用半年左右，汽轮机油使用 1 年左右，专用液压油使用 1 年以上时，应立即更换新油。第一次换油时间应适当提前。

(2) 换油工艺。换油是清除沉淀物、清洗系统、恢复整个液压系统传动性能的复杂过程。换油时必须做到：一要对系统进行清洗，以便除去因油液劣化生成的锈垢及其他杂质等；二要把管路和元件中的旧油彻底排除干净，以免影响新油的使用寿命；三要在清洁无风的环境中进行，以免灰尘进入油液和零件中。其具体步骤如下：

1) 冲洗。首先在旧油中加入冲洗促进剂，起动发动机，使液压装置运转 1 h 以上，油温达到 40～60 ℃。然后将油箱、油管、油缸、换向阀等装置中的油液趁热彻底放出。

2) 刷洗。在旧油排出后，将柴油、煤油等轻质油料加至油箱 1/3 容量以上，再次起动发动机，使其连续运转半小时以上，且反复操纵起升和倾斜阀杆。如果是液压转向叉车，还应架起转向桥，并左右转动方向盘，待油温达 40～60 ℃时，放出清洗液。

3) 换新油。根据叉车要求的品种和数量，向工作油箱内加入新的液压油，并将油箱上的回油管拆下，接入另一容器中。开动油泵，待整个液压系统都充满新油后，再将回油管接至油箱上，同时向油箱补充新油，使油面不高于测油尺的上刻线，也不低于测油尺的下刻线。

在运转过程中，仔细观察油泵、油缸、换向阀的工作状况，检查油管及管接头等处有无渗漏现象。至此，换油工作结束。

4. 叉车的润滑点及加油位置

叉车同其他机器一样，也需要对各运动与不运动的零件、部件按规定供应润滑剂（润滑油、润滑脂），每一份叉车说明书都列有润滑表，润滑表提供各个需要润滑的零部件的名称、润滑点数目、润滑剂代号或油脂名称、润滑时间间隔。通常润滑时间间隔是指叉车的实际运转时间。叉车各机构的润滑部位要定期润滑，它将直接影响叉车的使用寿命。

新叉车或长期停用的叉车，在开始使用的两周内，对于应进行润滑的轴承，在加油润滑时，应利用新油将旧油全部挤出，并润滑两次以上，同时应注意下列几点：润滑前应清除油盖、油塞和油嘴上面的污垢，以免污垢落入机构内部；用油脂枪压注润滑剂时，应压注到各部件的零件接合处挤出润滑剂为止；在夏季或冬季应更换季节性润滑剂（机油等）。

二、润滑和验收试车

1. 叉车润滑的要求

叉车的正常使用离不开油料，定期、正确润滑对叉车的正常使用及延长使用寿命具有重要意义，因此，在润滑作业中应注意以下要求：

（1）选用符合规定的润滑油。叉车各部件使用的润滑油必须根据工作条件、地区、季节气候来确定，不得随意更换。液压系统的工作液采用液压油，目前国产液压油主要有6号和8号两种，另外还有拖拉机液压传动两用油。3t以下叉车选用6号液力传动油；3t以上叉车选用8号液力传动油；全液压叉车选用拖拉机传动液压两用油。驱动桥、变速箱、机械式转向器、油泵减速器、轮边减速器等使用GL—3级普通车辆齿轮油；寒区全年用GL—3级80W/90，北方地区全年用85W/90，南方地区全年用 90 号。汽油发动机夏季用 SC30 机油，冬季用 SC20 机油，也可全年通用 SC10W/20 机油。柴油发动机夏季用 CC30 机油，冬季用 CC20 机油，也可全年通用 CC20W/40 机油。叉车的转向节销、轮毂轴承、水泵轴承、转向横直拉杆球头销、内外门架间、货叉架滚轮等处通常采用 2 号或 3 号钙基润滑脂（黄油）进行润滑。维护蓄电池电极柱时，应涂工业凡士林。叉车制动液一般用 4604 合成制动液。

(2) 用量要适当。叉车各总成润滑油的加注量都有一定要求。若加注量过少，则不能保证润滑，会加速机件的磨损；若加注量过多，则将会增加运转阻力，消耗功率，甚至造成漏油。

(3) 添换要及时。叉车在运行中，由于局部渗漏、蒸发、消耗等原因，各总成、部件的润滑油或润滑脂长时间使用后会变脏、变质，因此，要适时地添加或更换。在加注润滑油前，应先清除油盖、油塞及油嘴等零件上的污垢、灰尘；加注后，必须将溢出零件外的油迹擦净。

2. 验收试车

(1) 发动机的大修竣工验收。发动机大修以后，必须确保动力性能良好，怠速运转稳定，燃油消耗经济，附件工作正常，各部件润滑良好。具体要求如下：常温下（20±5℃），用起动机在 5~15 s 内能顺利起动。运转中，各部件衬垫、油封、水封及各接头等处不得有漏油、漏水、漏气、漏电现象。水温在 75~85℃时，汽缸压力应符合规定。怠速运转时，机油压力应不低于 98 kPa。中速运转时，机油压力应为 200~400 kPa。起动后，在低速、中速、高速时，运转都应均匀。发动机突然加速时，不应有断火或熄火现象；排气管不得有回火爆炸声，排气不应有时浓时淡或冒黑烟现象；柴油机允许冒淡蓝色烟。发动机在正常温度下运转时，不允许活塞销、连杆轴承、曲轴轴承有异常响声及活塞的敲缸声，但允许正时齿轮、机油泵齿轮和气门脚有轻微而均匀的响声。曲轴通风孔允许有依稀可见的气体逸出。检验合格后的发动机应按规定再次拧紧汽缸盖螺栓、螺母。

(2) 内燃机叉车的大修竣工验收。

1) 整车内外各部位应整洁、干净。涂漆后车号及各种标志应齐全，涂料不得黏附在电镀、橡胶及各个运动件的配合表面。整车涂漆后应平整、无皱纹及流挂现象；全车外露表面应均匀美观。

2) 叉车上仪表、灯光、信号及标志必须齐全、可靠和有效，灯光亮度、光束应符合要求。蜂鸣器的声音应清脆、洪亮、无杂音。电气线路应完整，包扎、卡固良好。后视镜安装良好。

3) 全部润滑脂（油）齐全、有效，所有润滑部位及总成内部均按出厂季节、品种及规定容量加足润滑脂（油）；液压系统用油符合规定。

4) 各液压系统的所有管路和接头应安装正确，无碰擦、松动、渗漏现象。各油泵、液压控制阀、油缸、液力变矩器及变速器等均不得有异常响声。各液压油缸的运动必须平稳，无颤抖、爬行现象。

5) 叉车内、外门架运动灵活，两条起重链张紧程度应相等，不扭曲；货叉的两个叉臂应保持在相同水平位置。

6) 转向轻便、灵活，无跑偏、摇摆现象，动力转向工作正常，方向盘在回位后能保持直线行驶，最小转弯半径符合设计要求。

7) 制动踏板自由行程、手制动器行程和手制动器、脚制动器的制动效能符合要求。离合器接合平稳、分离彻底，无打滑、发抖现象，踏板自由行程符合要求。液力变矩器工作可靠、平稳、无过热、发抖现象。变速器换挡应轻便、灵活，无乱挡、跳挡现象。动力换挡变速器换挡应轻便、准确，无跳挡和分离不彻底现象。制动时，能迅速切断动力。

8) 轮胎安装正确，气压符合要求。

9) 工作装置的最大起升高度应符合原设计要求。工作装置的最大起升速度应不小于原设计的90%。门架的前后倾角应符合原设计要求。两倾斜油缸的动作应协调一致。前倾时，货叉前端应与地面相接触。起升机构工作时，运行平稳，升降自如，无阻滞现象。叉架空载升降时，允许部分滚轮不转，重载时则应全部滚动。滚动端面不允许与内门架接触。

10) 全部检查合格后进行空载试验，空载运转30 min，反复完成各项动作，检查各部件的运转是否正常。静负荷试验时，用额定载荷起升至最高点，在10 min内，门架自倾角不得超过35°，起升油缸活塞杆的下滑量不得超过25 mm。加载至1.25倍额定载荷，停留10 min后卸去，门架无永久变形。动负荷试验时，用1.1倍额定载荷进行升降、倾斜、行走及制动试验，各机构应动作灵敏、可靠，不应有漏油、过热、异常等现象。能爬行20%的坡度，长10 m以上的坡道能上得去，退坡停得住，性能达到设计要求。超载20%时，安全阀应能打开。

习 题

1. 叉车维护的基本原则是什么？
2. 叉车维护的作业内容主要有哪些？
3. 叉车维护的基本要求主要有哪些？
4. 叉车维护等级是如何划分的？
5. 简述叉车日常维护的内容。
6. 简述叉车一级技术维护的内容。
7. 简述润滑剂的功用及种类。
8. 叉车润滑有何要求？

单元五　内燃叉车故障

模块一　故障分析

在叉车使用过程中，难免要出现这样或那样的毛病，将对驾驶人员的劳动强度、作业效率，车辆的技术状况及行驶安全带来很大影响。怎样尽量减少或避免故障，杜绝事故隐患，是叉车驾驶、维修人员比较关心和重视的问题。

一、故障分类

叉车故障是指叉车部分或完全丧失工作能力的现象，即零部件本身或其相互配合状态发生异常变化。常见的叉车故障一般有两种，即人为故障和自然故障。

叉车故障中人为故障所占比例较大，它是由于人们在使用、操作和养护时不符合技术规范所致，其特点是形成时间短，具有突发性。叉车是由许多零部件组合起来的，它们之间有着比较严格而精密的配合关系，如果人们未严格遵循维修规范对其进行使用养护和修理，就很可能使部分零部件的工作规律受到破坏，相互之间的位置发生变化，配合关系失去了协调状态，最后导致机械产生反常的工作现象，这就是所谓的人为故障。

自然故障是由于叉车经过长时间的使用，各部机件磨损量剧增，疲劳程度加重，其值超过一定范围，就会自然产生故障，即渐进性故障。此类故障是逐渐形成的，例如汽缸磨损后的窜气、（排气管）冒蓝烟等。

二、故障分析方法

故障分析就是找出故障原因及部位的分析判断检查过程。故障分析方法主要有经验法和推理分析法。经验法是从故障的症状入手，凭经验判断确定故障的原因，这些故障诊断经验是在实践中总结积累的。推理分析法是一个推理的思维过程，它反应了故障分析的规律性，因此它是故障分析法的基础。故障推理分析可分三步：首先根据故障的特征及故障的机理推出故障的本质，确定故障部位；然后根据故障的本质原因，推出导致故障的各种原因；最后根据故障的原因进行具体分析，确定最佳查找方案，按由简到繁、由表及里的原则查找验证，缩小查找范围，直到找出故障所在。

三、故障分析基础

1. 熟悉叉车的构造原理，然后结合故障现象进行检查分析，才能迅速准确地判明故障。

2. 了解叉车设计制造的影响因素，在判断故障时就可取得事半功倍的效果。

3. 要考虑叉车配件质量的影响因素。用假冒伪劣产品装配的叉车，使用后难免要出问题。

4. 要考虑叉车燃润油料品质的影响因素。使用不符合规格牌号的燃润油品，是引起故障的重要原因之一。

5. 要考虑环境条件的影响因素。叉车在多尘环境下长期使用，空气滤芯容易脏污堵塞；叉车在炎热高温地区使用，供油系统容易产生气阻等，均会引发故障而影响正常使用。

6. 考虑人为因素。叉车在使用、养护和检修中，操作者疏忽大意，很容易导致人为故障和隐患。

7. 注意叉车故障的检修顺序。采用合理的检修顺序，才能省时省力，少走弯路而迅速做出准确的故障判断。

8. 掌握叉车故障特征。故障症状的外部表现，是故障判断的依据，也是故障分析的关键。

四、引发故障原因

叉车产生故障的原因归纳起来有以下几种：

1. 叉车本身内在质量存在的问题。如材料不佳、强度不够，设计不妥等先天不足引起的故障，只能在日常养护及时发现后更换部件解决。

2. 运动副机件自然磨损、腐蚀、变质以及老化引起的故障。只能延缓此故障的出现，不能完全控制。

3. 使用、养护修理中存在的问题。如机构失调引发的人为故障，是可以事前预防和控制的。

4. 运行条件恶劣（如道路和气候）引起的故障，此类故障也是可以采取相应措施预防的。

模块二　故障诊断

一、故障诊断的基本原则

叉车故障诊断的基本原则可概括为：搞清现象、结合原理、区别情况、周密分析、从简到繁、由表及里、诊断准确、少拆为宜。

1. 抓住引起故障现象的特征

先全面搜集、了解故障的全部现象，弄清是使用中逐渐出现的，还是突然出现的；是在叉车养护中出现的，还是维修中出现的；在什么状况、条件下现象明显；在允许条件下，改变叉车工作状况，了解现象的变化，从中抓住其故障现象特征。

2. 分析造成故障原因的实质

任一故障的发生总有一两个实质性原因，必须分析确定后再查找，以免走弯路。如叉车发动机排气管冒黑烟，实质是燃料不完全燃烧所致，故应抓住油、气及其混合的关键。而要能准确抓住关键，必须熟悉叉车的结构、工作原理及正常工作所具备的条件。

3. 避免盲目性

在诊断叉车故障过程中，尽量避免盲目的拆卸，否则将造成人力、材料和时间的浪费；同时要注意防止因不正确的拆卸而造成新的故障。

二、故障诊断参数与诊断对象

叉车发生故障后，就会出现与正常工作相区别的故障现象，常见的故障现象有运动异常、声响异常、外观异常、气味异常、温度异常等。经验丰富的驾修人员，在刚刚出现故障症状时就能觉察和排除，避免引发大的损失。一般情况下是通过以下三个方面来诊断叉车有无故障：一是通过观察仪表给出的信号（如警告灯亮为油压失常等）；二是凭自身感觉了解叉车的工况有无异常（如运行无力、制动失效、机件异响等）；三是在定期养护中发现叉车潜在的安全隐患及故障。另外，诊断叉车故障还应当以其技术状况的诊断参数和诊断对象为依据（见表5—1），通过这些物理量或化学量来判定叉车某些部位技术状况的变化或症状。

表5—1　　叉车技术状况的诊断参数和诊断对象

技术状况的变化	诊断参数	诊断对象
动力性能下降	转速、转矩、功率、加速时间、减速时间	配气机构、曲柄连杆机构、燃油系、润滑系
经济性能下降	燃油消耗，润滑油消耗，进气系统和排气系统的压力、温度，冷却系的温度，润滑油的温度和压力	进气系统和排气系统、燃油系、冷却系、润滑系
工作容积密封性能的变化	汽缸压缩压力、汽缸漏气率、曲轴箱窜气量、曲轴箱压力、起动机的起动电流	曲柄连杆机构和配气机构

续表

技术状况的变化	诊断参数	诊断对象
配合副配合尺寸的变化	振动加速速度幅值和频率、噪声声级和频率、润滑油压力、润滑油质分析	各配合副间隙、轴承、齿轮等
润滑油和冷却液物理化学性能和成分的变化	黏度、pH值、含水量、磨损颗粒尺寸、浓度、成分等	各相对运动的磨擦副、润滑系、冷却系
排气成分的变化	烟度、温度、压力等	燃油系、进气系统和排气系统
热状况的变化	温度及温度变化的速度	冷却系、润滑系

三、运行故障的外部症状

随着作业时间的增长，叉车难免会出现故障，如不及时进行维修、养护，叉车的动力性、经济性、可靠性必然随之变化。由于形成故障的原因不同而引起的症状各具特点，归纳起来大致有以下几种情况：

1. 工作状况突变

如叉车在运行时，发动机突然熄火或转速迅速下降，直至熄火后再起动困难，甚至不能重新起动，一旦发生此情况麻烦不小。有时叉车在行驶中，突然制动无力或跑偏、甩尾，甚至制动失效；有时在行驶中，找不到挡位或挂错挡（俗称"乱挡"）等。

2. 声响异常

叉车在行驶过程中出现的非正常声响，如发动机敲缸响、气门脚响、传动轴和变速器异响等，是叉车早期故障的"报警器"。在驾驶中突然发生非正常声响，驾驶员应立即意识到叉车出了问题，此时应立刻停车检查，切不可"带病运行"，常见凡是声响沉重并伴有明显振抖现象的，多为恶性故障，应立刻送修。对一般声响，常因位置不同而具有不同的特征，所以在驾驶过程中，应时常注意声响的变化情况，以便及时发现和排除事故隐患。

3. 过热高温现象

过热高温现象通常出现在叉车发动机、变速器、驱动桥、主减速器、差速器及制动器等总成上。例如发动机过热，多为冷却系统有问题，通常是冷却液缺乏或水泵不工作，如不及时加注会引起燃油在燃烧室内突爆早燃，甚至活塞顶部烧熔等。变速器和驱动桥过热，多为缺少润滑油所致；制动器过热，多为制动蹄片不回位而引起，以上现象有的可通过仪表直接反映出来，大多则需要平时注意观察，用手触摸其外表温度即可感觉出来。

4. 燃油和润滑油消耗超标

燃油和润滑油消耗超标，表明叉车技术状况恶化或产生故障。如燃油消耗超标，一般为发动机工作不良，传动系统、制动系统调整不当而增大行驶阻力。若机油消耗超标，多为发动机存在故障，常伴有排气颜色异常，其原因主要是活塞与汽缸壁的配合间隙过大或有严重损伤；若机油有增无减，有可能是润滑油或燃油渗入油底壳。由此可见，燃油、润滑油消耗异常与叉车发动机技术状况是息息相关的。

5. 排气烟色异常

注意观察叉车发动机排出废气的烟色变化，有利于了解发动机的工况。例如汽油机正常排出的废气应无色透明。若汽缸上窜机油时废气呈蓝色，燃料燃烧不彻底时废气呈黑色，点火正时及配气相位失准或燃油中有水时废气呈白色（但冬季废气呈白色不一定是燃油中有水）。

6. 出现特殊气味

在叉车行驶过程中，一旦发觉有特殊的气味，应立即停车查明情况，以免引起更大的故障。例如发动机过热、润滑油或制动液受热挥发甚至燃烧时，会散发出极特殊的气味；电路短路搭铁，导线烧熔时，会发出臭味；离合器打滑、摩擦片烧蚀、制动带拖滞摩擦等，都会散发出一种异常难闻的焦臭味。

7. 漏油、漏气现象

漏油、漏气是指叉车的燃油、润滑油（机油或齿轮油）、制动液、动力转向器油、压缩空气等的渗漏。例如燃油、润滑油等油品的渗漏，一般都有一定的痕迹、油污及气味，而压缩空气泄漏时，可明显听到漏气声，应注意察看易漏油的部位及定期检查油面高度。

8. 叉车外观异常

发觉在行驶中的叉车有倾斜、扭曲、变形、行驶不稳定、跑偏等异常现象，可将叉车停在平坦的场地上，如有横向或纵向歪斜，原因多为车架、车身、轮胎、悬挂异常。

四、常用故障诊断方法

叉车故障诊断是指在不解体（或仅拆卸部分零件）的条件下，检查叉车的技术状况、诊断故障部位和确定故障原因的一门技术，它是叉车使用和养护技术的重要组成部分。掌握叉车故障诊断的方法，迅速、准确地确定并排除故障，对于提高叉车的动力性、经济性、可靠性具有一定意义。

在有条件的情况下可借助各种仪器、仪表检测，进行诊断验证。一般条件有限可采用传统的方法，即根据故障的外表特征（工作情况、温度、噪声、外观和气味），以及工况突变、过热、渗漏、烟色、燃润料消耗，用听、看、摸、嗅等方法观察和感觉。将个别症状放大或暂时消隐，进行直观的诊断。根据异响特征出现的时机、转速的快慢、速度的高低、润滑的优劣、声响的大小、振抖的程度等来分析其特殊变化的规律。掌握故障症状的第一手资料后，按照叉车的结构原理，从简到繁、由表及里，有系统、有步骤地进行仔细分析。特别是在使用中会发生故障，这就要驾驶员对故障进行诊断，驾驶员通常采用简易可行的直观诊断，即通过眼看、耳听、手摸、鼻子嗅以及试车，将故障现象、特征等进行分析而确定故障。

及时清除发现的故障隐患，避免因自然磨损、疲劳损伤、老化变质等原因造成的叉车故障。根据叉车各部件的使用寿命和使用过程中机件的疲劳磨损程度、螺栓松动状态、配合间隙的变化等实际情况采取措施，及时检查、调整和紧定，或适时地更换机件，以消除故障隐患，做到防患于未然。

叉车故障的常用诊断方法是直观诊断，其特点是不需检测仪器、设备和工具等科学手段，而是依靠人的眼、耳、口、鼻、舌、手来诊断故障。其诊断准确性在很大程度上取决于诊断人员的技术水平。通常驾驶员遇叉车故障时大都首先采用此法，诊断时采取以下方式先搞清故障的症状，然后由简到繁、由表及里、逐步深入，进行推理分析，最后做出判断。

一问：就是调查。问明叉车技术状况，故障迹象，故障属突变还是渐变等。

二看：就是观察。例如观察排气颜色，再结合其他情况进行分析，就可诊断其工作情况。

三听：就是凭听觉判别叉车声响，从而确定哪些是异常响声，它们是怎样形成的。

四嗅：凭借故障部位发生的异常气味来诊断故障，如燃烧焦味、不正常燃烧气味等。

五摸：用手直接触摸可能产生故障的部位的温度、振动情况等，从而判断出配合副有无咬黏、轴承是否过紧等，可判断工作是否正常。

六试：就是试验验证。诊断人员可亲自试车去体验故障部位，可用更换零件法来证实故障的部位，有时可结合路试来判断故障。

上述诊断方法应根据不同故障和具体情况灵活运用。

模块三 故障预防

一、故障预防的基本方法

1. 正确使用叉车，避免产生人为故障。在叉车使用、养护和维修过程中注意它的科学性和合理性，做到科学地使用叉车，合理地养护和维修叉车，以保证叉车处于良好的技术状态并延长各部机件的使用寿命，避免早期损坏和出现故障，这是至关重要的。实际调查情况证明，使用不当是导致叉车故障的主要原因。

2. 及时清除发现的故障隐患，避免因自然磨损、疲劳损伤、老化变质等原因造成的叉车故障。

3. 适时更换叉车零部件，可将故障隐患消灭在萌芽状态。适时换件，就是根据叉车各部机件的使用寿命和使用中的实际情况，采取措施，及时、恰当地更换机件，以消除故障隐患，这是叉车部件寿命追踪预防法。

4. 加强叉车的日常养护工作，做好清洁、润滑、紧固、检查、调整和防腐工作，防患于未然。

二、故障预防具体措施

常见预防叉车故障的具体措施主要如下：

1. 建立各部件使用情况统计表。首先根据厂家规定建立零部件使用寿命明细表；然后每台车由驾驶员自己建立零部件使用情况统计表，将各易损件开始使用的时间、叉车作业小时数等项目详细记载，同时与使用寿命表对比，有到极限作业时间的，可根据情况及时换件。它不但有利于预防叉车故障的发生，也能使驾驶员对自己的叉车真正做到"了如指掌"。

2. 换件前，对旧件彻底检查。检查其磨损程度，内部损伤程度，并将其数据与标准数据对照。如磨损不重，可继续使用；如磨损严重，或有其他伤痕，应更换。

三、叉车漏油的防治

叉车漏油故障常列为考核叉车装配和修理质量以及驾驶员爱车养护的重要标准和内容。

1. 常见叉车漏油的主要原因

（1）产品（配件）质量、材质或工艺不良，结构设计不佳。

（2）装配调整不当，装配时配合表面不清洁，衬垫破损、位移或未按操作规范进行。

（3）紧固螺母扭力不均，滑丝断扣或松旷脱落、工作失效。

（4）密封材料长期使用后磨损过限、老化变质、变形失效。

（5）润滑油添加过多，油面过高或加错油品。

（6）零部件（边盖类、薄壁件）接合表面挠曲变形；壳体件破损，导致润滑油渗出。

（7）通气塞、单向阀堵塞后，由于箱壳内、外气压差的作用，往往会引起密封薄弱处漏油。

2. 预防叉车漏油的措施

（1）重视衬垫作用。叉车静置部位（如各接合端面、各端盖、壳体、罩垫、平面法兰盖板等处）零部件之间，装有各式衬垫，起着密封作用。垫子虽小，作用很大，若在材料、尺寸、制作质量及安装方法上不符合技术规范，就起不到密封作用，甚至发生事故。如机油盘或气门罩盖，由于接触面积大，不易压实，容易造成漏油。曲轴后油封处漏油，还会渗入离合器，既费油，又会使离合器片沾污、打滑而烧损。因此，在拆装衬垫时，应该注意妥善放置，仔细检查其质量，并按规范装配。

（2）按修理规范拧紧各螺母。叉车上各类紧固螺母（如汽缸盖螺母、齿轮室盖与气门罩等处螺母），都要按规定的扭矩均匀拧紧。过松会压不紧衬垫而渗油；过紧会使螺孔周围金属凸起或将丝扣拧滑而引起漏油。另外，机油盘（箱壳）放油螺塞若未拧紧或回松脱落，容易造成机油大量流失，继而发生"烧瓦抱轴"的机损事故。

(3) 更换失效油封。叉车上很多运动部位都有油封、O形圈等，这些零件会由于安装不妥，轴颈与油封刃口不同心，极易因偏摆而甩油。有些经长期使用后，会因橡胶老化而失去弹性；也有的因唇口损坏开裂或自紧弹簧失效而丧失封油作用。因此发现橡胶密封件漏油，应按标准修复或更换合格配件。

(4) 及时更换磨损严重的机件。叉车零件使用到一定寿命后会产生磨损过限，例如缸套活塞连杆组件、活塞环、活塞及缸套磨损到一定程度，会使燃烧室内高压气体窜入曲轴箱。

(5) 及时修换主轴承。当主轴承与轴颈配合间隙过大时，前后油封会因曲轴冲击作用而失去密封性，造成机油从曲轴头外漏，或向离合器内渗油，从而污染摩擦片而导致打滑，工作失效。

(6) 避免单向阀、通气阀堵死。这类阀孔堵后易引起箱壳内温度升高，油气充满整个空间，排放不出去，使箱壳内压力升高，同时使得润滑油消耗增加和更换周期缩短。发动机通气系统堵塞后，增加了活塞的运动阻力，使油耗增加。由于箱壳内外气压差的作用，往往引起密封薄弱处漏油。因此，需要对车辆进行定期检查、疏通、清洗，以保持单向阀、通气阀畅通。

(7) 妥善解决各类油管接头密封。连管螺母经常拆装，容易因滑丝断扣而松脱，使两接头喇叭口精度变差，因锥面中心线不重合而接触不良或因锥度不同而不相吻合等，由此引起渗油。更换连管螺母，应在研磨解决连管接头与喇叭口密封或将薄铜皮夹在两锥面后，拧紧、压实螺母而保证密封。

(8) 避免轮毂甩油。车轮维修养护时，轮毂轴承及腔内润滑油脂过多，或轮毂油封装配不妥、质量不良、老化失效以及制动频繁引起的轮毂温度过高、半轴螺母松动等都会引起轮毂甩油。因此车辆维护应采用"空腔润滑法"（即适量润滑），疏通通气孔，合理使用制动，严格选择优质配件，并按工艺规范进行装配和调整，以避免轮毂甩油。

模块四 故 障 举 例

一、自然故障实例

1. 发动机异响

发动机异响是叉车发动机出现故障的重要表现，也是判断其故障的重要依据，掌握和利用发动机异响规律，是判断其故障行之有效的办法。发动机出现异响故障后，若不能及时、正确判断和排除，将会加剧机件的磨损，甚至发生事故性的损坏。因此必须对其故障及时进行检修，并采取必要措施，保证良好的技术状态，延长其使用寿命。

（1）活塞敲缸。怠速运转时出现清脆有节奏的金属碰击声，随温度升高逐渐减弱或消失，一般由于活塞与汽缸壁间隙过大、润滑不良等原因引起。低速运转时用螺钉旋具搭火花塞逐缸断火试听，辨别响声产生的部位。也可卸下火花塞，往缸内注少许机油后装复火花塞，起动发动机，若响声减小或消失，过一会儿又出现，即可断定此汽缸异响（温度升高后响声消失可暂不修理），异响严重时必须拆检修复。

（2）活塞销响。活塞销响是较尖脆的金属敲击声，其主要原因是活塞销与连杆衬套或与活塞座孔配合间隙松旷。在加机油口处察听时，若响声不明显，可提早点火时刻使响声明显；用螺钉旋具逐缸断火，若响声消失或减弱，而当螺钉旋具突然离开火花塞时又立即有敲击声，即可断定该缸活塞销响。

（3）连杆瓦响。连杆瓦响为较沉重、短促、清脆的金属敲击声，温度升高后敲击声基本不变。其主要原因是润滑不良或间隙过大，或合金烧蚀脱落等。在中速运转时用螺钉旋具逐缸断火，可检查出响声部位。若两个汽缸发响，用螺钉旋具将其中一个汽缸断火，声音减弱，则说明此汽缸异响；也可拆下油底壳查看轴瓦有无松旷。

(4) 曲轴瓦响。曲轴瓦响声沉重发闷，在改变转速时响声明显；当突然加大油门时响声更为明显；突然关小节气门时出现沉重的"当当"响声，伴有发动机振抖现象。从加机油口处察听，反复改变转速，将相邻两个汽缸同时断火，若响声明显减小，则为该道轴瓦松旷；随温度升高，油膜黏度减小，响声将增大。轴瓦磨损严重时，机油压力会明显下降，发动机振抖。

(5) 漏气响。发动机在加大油门运转时，从加机油口处听到曲轴箱内发出连续的漏气响声，同时加机油口中脉动地往外冒烟，关小油门，响声即减弱或消失。其原因是汽缸壁与活塞环间隙过大，密封不严，部分高压气体窜入曲轴箱而发出冲击声。

2. 发动机功率不足，行驶无力

(1) 发动机功率不足的故障特征。发动机功率不足故障的特征是：当叉车重载情况下，发动机动力明显不足，"没劲"，加大加速踏板，动力不能随之迅速提高；排气感觉沉闷，运行无力，油耗直线上升。停下来空轰加速踏板时，又没有不畅的感觉。

(2) 发动机功率不足的常见原因。发动机功率不足的常见原因主要有以下几个方面：

1) 油路、电路有故障。油路不畅通，进气受阻，造成混合气过稀或过浓是直接影响发动机动力不足的原因。发动机有异响，点火时间过迟或触点间隙过小或过大，活动触点弹簧臂弹力过弱，发动机排气歧管垫漏气等；高压分线漏电或脱落，分电器插孔漏电或窜电；分电器凸轮磨损、不均或火花塞积炭过多，裂损漏电等，也是影响发动机动力的原因。

2) 汽缸压力不足。缸垫不密封，漏气，缸盖螺栓松动，缸垫烧蚀；气门不密封，漏气，气门座圈烧蚀，漏气，气门弹簧过软，工作不良，气门座圈松脱，活塞与汽缸不密封，窜气；活塞环咬死或对口，活塞环磨蚀过限或弹力过弱；汽缸磨损，配缸间隙超差等。

3）配气相位失常。常见发动机正时齿轮标记位置不对，装配不当。

4）少数缸不工作。高压分线损坏、漏电或脱落，火花塞工作失效。气门间隙失常等。

5）发动机温度过高。水泵、节温器工作不良，传动带打滑，冷却系统水垢过多等。

6）底盘有故障。离合器打滑，制动发咬，各部润滑、调整不当，轮胎气压过低。

7）叉车严重超载运行。

（3）发动机功率不足故障的检修。致使发动机功率不足的因素是多方面的，几乎涉及发动机所有机构和底盘的传动和行驶部分，但一般来讲，发动机工作性能变坏要比其他原因的可能性大一些。在叉车正确使用的情况下，诊断顺序是从底盘开始查找，再检查发动机本身。

1）首先检查离合器是否打滑，制动是否拖滞，轮胎气压是否正常，必要时予以处理。

2）检查冷却水温度是否过高，节温器工作是否失效。

3）先检查点火系统工作是否正常，断电器触点间隙是否正常，有无烧蚀或歪斜；再检查点火线圈和电容器是否良好。将分电器中央高压线拔出距缸体 6~8 mm 试火，若火花强，则点火线圈和电容器均好。再检查火花塞电极间隙是否过大及绝缘部分有无裂损，必要时更换新件。

4）检查节气门开闭是否灵活，开度是否正常；检查空气滤清器、汽油滤清器是否堵塞，必要时予以调整或修复。

5）在上述检修仍不能排除故障时，应拆检汽缸活塞连杆组，检查活塞配缸间隙，活塞环磨蚀情况，以及配气相位是否失常。按技术规范予以装配、调整和修复。

3．利用汽缸压力表检测汽缸压缩压力

在发动机使用过程中，由于汽缸组零件的磨损、烧蚀、结胶、积炭等原因，将会引起汽缸密封性下降，因此汽缸密封性是表征汽缸组技术状况的重要参数。根据热力学的有关结论，汽缸压缩压力与发动机的热效率和平均指示压力有直接关系。汽缸压缩压力是评价汽缸密封性最为直接的指标，并且由于所用仪器简单，测量方便，因此得到广泛应用。检查进气歧管真空度，以弥补汽缸压力检查的不足，借以互相验证，判断发动机的故障。

上述方法依次检测各个汽缸，其压力应达到原厂规定的标准。例如 CPQ5 叉车 EQ6100 型发动机的汽缸压力不应低于 0.83 MPa，各缸的压力相差应不大于 10%。

4. 采用压缩空气检查发动机渗漏部位

如果叉车行驶无力，油耗增加，可能是汽缸压力降低。为了准确地测出故障部位，可在测量完汽缸压力后，针对压力低的汽缸，采取简易的就车检查方法进行确诊，即用压缩空气检查发动机的渗漏部位（见图 5—1）。先让发动机熄火，拆下火花塞，打开散热器，卸下空气滤清器，将所怀疑的汽缸的活塞通过转动曲轴，转动至压缩行程上止点位置。打开散热器盖、加机油口盖和节气门，用一条 3 m 长的胶管，一头接压缩空气气源（600 kPa 以上），另一头通过锥型橡胶头插在火花塞孔内。转动发动机曲轴，使被测汽缸活塞处于压缩终了上止点位置，然后将变速器挂入低速挡，拉紧驻车制动器，打开压缩空气开关，注意倾听发动机漏气声。如果在进气管口处听到漏气声，说明进气门关闭不严密；如果在排气消声器口处听到漏气声，说明排气门关闭不严密；如果在散热器加水口处看到有气泡冒出，说明汽缸衬垫不密封造成汽缸与水套沟通；如果在加机油口处听到漏气声，说明汽缸活塞配合副磨损严重，密封不严。确定后分别予以排除。

二、人为故障实例

人为故障往往是由于驾驶员、修理人员疏忽而引起的，一般难以察觉，留下了不安全的隐患。人为故障大都出现得比较突

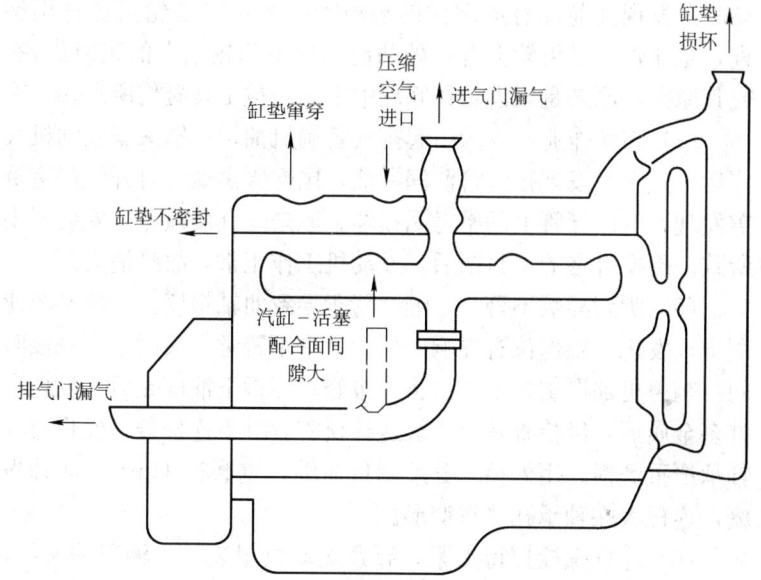

图 5—1 用压缩空气检查发动机的渗漏部位

然,故障既无任何迹象,也无规律性,因此排除的难度要大一些,但它也会有内在和外表的特征及现象,如对故障现象进行科学的分析,就不难找出其病根。以下仅举六种人为故障的实例。

1. 人为故障举例

(1) 水堵松动,致使油底壳进水。一辆叉车发现油底壳进水,拆下汽缸盖检查,汽缸垫完好,装复后加油、加水试车,油底壳还是有水。之后,不盖气门室罩盖起动发动机,原来是防冻水堵未装紧而松动漏水,更换后故障排除。

(2) 垫片落入进气管,导致活塞报废。一辆叉车在养护化油器时,不注意将一只弹簧垫片掉进了进气管,便把化油器装好后出车。行驶一段时间后,听到汽缸内有金属撞击声,打开汽缸盖,发现是弹簧垫片在汽缸内撞击,已把活塞撞得坑坑洼洼,只好更换活塞,造成了不应有的经济损失。

(3) 齿轮碰伤后引起的发动机异响。某叉车发动机大修后起动时，发现其前部有周期性的响声。拆下正时齿轮室盖仔细检查，是曲轴正时齿轮上有一处凸起，顶着凸轮轴上的正时齿轮。究其原因，原来是该齿轮在修理中不小心被工具碰伤所致。

(4) 违章作业，人为引起排气管淌机油。一辆叉车发动机大修后，试车时发现排气管淌润滑油，尾部冒黑烟。打开气门室罩盖发现，气门导管上的密封圈损坏。原来是其质量差，安装不妥所致。更换合格的密封圈后，发动机工作正常，故障消失。

(5) 听到异响不警觉，继续驾车导致曲轴报废。一辆叉车使用中，发现曲轴部位有异响，驾驶员毫不警觉，又行驶了一段时间，响声更加严重才不得已将车报修。当拆下油底壳后，发现有许多金属屑，经检查是第4缸连杆松旷。拆下连杆盖，发现连杆轴承严重磨损。用外径千分尺测量曲轴，竟磨掉 1 mm，曲轴报废，连杆大端轴承孔严重变形。

(6) 连杆螺栓拧得太紧，导致发动机报废。一辆柴油叉车，在作业中突然听到一声巨响，发动机随即熄火。下车查看，连杆伸出缸体外，把喷油泵壳体也碰坏了，导致发动机报废。原因是在检修发动机拧紧连杆螺栓时用力过大，使之疲劳损坏。

2. 人为故障的主要原因

在日常修理和养护叉车工作中，稍有疏忽就有可能出现人为故障。人为故障一般都在维修车辆竣工试车、运行一段里程后发现，人为故障产生的主要原因一般有以下几点：

(1) 维修养护不良。没有按规定更换、添加机油，清洗机油滤清器，缺油或使用变质润滑油，润滑条件恶化，加速磨损，没有按规定更换空气滤芯，使之脏污堵塞、进气量减少，发动机工作无力，大量尘土进入缸内，加速汽缸磨损，工作性能变坏等。

(2) 违章操作或装配质量差。驾驶员、修理人员思想疏忽，未严格按照操作规程，而采用一些错误的习惯做法，维修技术不熟练、工作疏忽，未严格按技术标准进行调整、装配，检查不细，装配不良，必然会引起故障。

(3) 零件质量不合格或更换或添加燃油、润滑油料品质不佳。叉车零件设计、制造上的缺陷或材质、加工精度、热处理工艺等达不到设计要求；在修理中更换新件时，由于检验不严而误装上车，或明知有毛病而凑合使用，经短时间的运行后，毛病即暴露出来；叉车对于燃油、润滑油料的使用要求比较严格，误用或错用低劣油品，致使有关部件的异常损坏。

(4) 野蛮拆装、零件脏污及不良的修理习惯。叉车零件拆装时乱扔、乱摔、磕碰和裂损致伤，"带病"装车后没有不出故障的。如活塞磕碰后（表面凸凹不平），使用中容易拉缸；零部件表面脏污，没有清洗干净，活塞环槽中的砂粒、积炭带入缸中，导致早期磨损；若用棉纱擦拭零件时，将纱头屑物落入机器内，随机器运转而堵塞油道，引起"烧瓦抱轴"。有些修理人员喜欢采用"宁紧勿松"的修理方法，认为紧些保险，其实不然。例如活塞配缸间隙过紧，大修叉车运行后就很快引起拉缸；连杆螺母拧得过紧，容易引起"烧瓦抱轴"；轮毂轴承装配过紧，滑行性能变差，叉车跑不起来而行驶费油。

(5) 不按规定强制叉车养护。随着叉车作业时间的增加，各部零件都将产生磨损变形、松动和脏污。例如规定里程清洗"三滤"（空气滤芯、汽油滤芯、机油滤芯），更换润滑油料。否则空气滤芯脏污堵塞后，进气量减少，大量尘土进入缸内，加速汽缸磨损，动力降低，燃耗增加；同时不按规定里程强制养护也会使故障率上升。

(6) 零件漏装。驾驶员、修理人员技艺不佳，工作粗心大意，修理质量低劣。如果在养护叉车机油粗滤器时，不慎将其中托板和橡胶密封圈丢失漏装，会导致机油滤清器工作失效。脏污未经滤清就会直接进入机油道，要不了多长时间便暴露出问题，最后会突然出现机油道堵塞而发动机"咬死"（即"烧瓦抱轴"）的故障。若在养护时未严格执行养护工艺，如连杆弯曲变形，装配前本应该在连杆校整器上进行校正，但若忽略而装车，结果会因活塞偏缸，试车中便出现活塞敲击异响。

（7）违章使用叉车。新叉车或大修叉车在磨合期间，不执行磨合规定，不进行磨合养护，提前摘除限速片，提前带负荷使用，超载超速运行，必将引起磨合期活塞卡滞拉缸。超载行驶、空挡熄火滑行的操作方法，都将加剧缸套磨损和同步器（缺油）烧蚀。自行拆除节温器不利于缸套的正常磨损，乱拆、乱捅和乱换原厂总成件，均将带来很多不良症状，以致造成人为故障。

（8）修理工艺不良、检查不细。叉车维修养护如果不严格执行修理工艺，或检查不细，竣工后必定出现人为故障。例如在装配曲轴、飞轮及离合器总成件时，其平衡性能被破坏，或因设备缺乏、检测手段不完备，从而未经校验就"免检"装车，必然致使发动机运转不稳，出现周期振动，影响发动机的使用性能。

（9）不按规定间隙装配或调整不当。叉车的装配并非所有部位都需用人的全部力量投入紧定，而应按照技术要求，既紧定，又要保证有一定的间隙。若正常配合关系被破坏，必然会引起故障。例如活塞与汽缸的相配间隙大于规定时，会造成窜气、窜油，功率下降，油耗增加；小于规定时，则会造成活塞拉缸、卡滞。气门间隙调整不当时，会造成动力降低、油耗上升、机器严重异响。

（10）线路接错、零件错装。蓄电池负极搭铁，接错后会烧坏硅发电机二极管；调节器火线接柱与磁场接柱若互相接反，会使调节器触点烧蚀，发动机曲轴止推片装反，曲轴容易轴向移动，致使缸体轴承端面部位严重磨损、擦伤，甚至报废。

人为故障一般原因复杂、涉及面广，在原因不明确时，不要盲目拆卸，否则会使问题更趋复杂，甚至损坏机件。人为故障应以预防为主，除合理使用车辆之外，在叉车的维修养护中必须做到：一清洁、二调整、三防松；不错装、不漏装、防磕碰、防摔伤，不合格的零件不装车，不合格的油料不使用；严格操作规程，执行修理工艺，不断提高维修质量，尽可能减少人为故障。

习 题

1. 简述叉车故障的定义及类型。
2. 叉车故障分析的基础有哪些?
3. 叉车故障产生的原因有哪几种?
4. 叉车故障诊断的基本原则有哪些?
5. 叉车运行故障的外部症状有哪些?
6. 常用叉车故障诊断方法有哪几种?
7. 叉车故障预防的基本方法有哪几种?
8. 简述叉车发动机异响故障的现象及原因。

单元六 电动叉车的构造

模块一 电动叉车概述

电动叉车是以蓄电池或交流电为动力的车辆。其中以蓄电池—为动力的叉车称为蓄电池叉车（或称电瓶叉车）；以交流电为动力的叉车称为交流电叉车。本书所涉及的电动叉车，都是指以蓄电池为动力源的蓄电池叉车。

与内燃叉车相比，电动叉车主要有以下几方面特点：结构简单、操作方便、起步平稳、污染少、噪声小。其不足之处是受蓄电池容量的限制，驱动功率和起重量都较小，作业速度低，对路面要求高。另外，蓄电池叉车通常还需专门的充电设施。

随着科技的不断发展和进步，目前在电动叉车上普遍采用高比能量、长寿命、易充电的蓄电池，并大量采用微电子技术，实现较全面的自调速、自诊断和自保护功能，使电动叉车无论是在作业效率、可靠性能，或在耐久性、节能效能上都得到大大提高。在上述发展因素的促进下，室外作业场合也越来越多地采用电动叉车和其他电动工业车辆。目前，我国能够生产电动叉车的生产厂家已多达数十家，其中最具代表性的有杭州工程机械股份有限公司，安徽叉车集团公司以及厦门叉车有限公司等单位。由此可见，电动叉车将是未来工业车辆发展的重点，也是未来物流业发展不可或缺的搬运车辆，具有十分广阔的发展潜力与市场前景。

一、电动叉车的功能

电动叉车具有自行能力,其工作装置可完成升降、前后倾、夹紧和推出等动作。能完成成件物资的装卸、搬运和拆码垛作业。若配备其他属具,还能用于散状物资和非包装物资的装卸作业。

电动叉车的功能可以归纳为以下几点:

1. 可有效地减轻劳动强度,节约劳动力,提高劳动生产率,据国外有关资料表明,一台叉车可以代替 8~15 个装卸工人的体力劳动。

2. 由于提高了生产率,缩短了作业时间,从而加快了车、船的周转。

3. 使用叉车作业,货物堆得更高,目前可达 3 m 以上,库房容积利用率可以提高,可达 30%~40%。

4. 可采用托盘和集装箱盛装货物,使货物包装简化,节省包装费用,降低装卸成本,提高作业效率和货物的安全性。

5. 可解除笨重的体力劳动作业,减少货损与人员工伤事故,提高作业的安全性。

二、电动叉车的分类

按动力源分,电动叉车可分为以蓄电池为动力源的蓄电池叉车和以交流电为动力源的交流电叉车。由于交流电叉车受电源的限制,作业范围较小,目前只有少数几种机型。

如果按结构形式和用途分,电动叉车又可分为平衡重式叉车、插腿式叉车、前移式叉车、侧向堆垛式叉车和侧面式叉车等几种类型,它们的具体定义、应用和图示见表 6—1。

三、电动叉车的结构组成

电动叉车与内燃叉车的结构大致相同,都是由动力装置、底盘、工作装置、液压系统、电气系统等几部分组成。

四、电动叉车的型号

目前,国内关于电动叉车型号的编制方法还不统一,有原机

表 6—1　　　　　　　　　　电动叉车的分类

序号	名称	定义	主要用途	图示
1	平衡重式叉车	具有载货的货叉，货物相对于前轮呈悬臂状态，依靠叉车的自重来平衡的轮式机械	用于成件物资的载卸、堆拆垛和物资的短距离搬运	
2	侧面式叉车	货叉或门架相对于运行方向能横向伸出和缩回，进行侧面堆垛或拆垛作业的叉车	可用于长件物资，在较小空间内进行装卸、堆拆垛和物资的短距离搬运	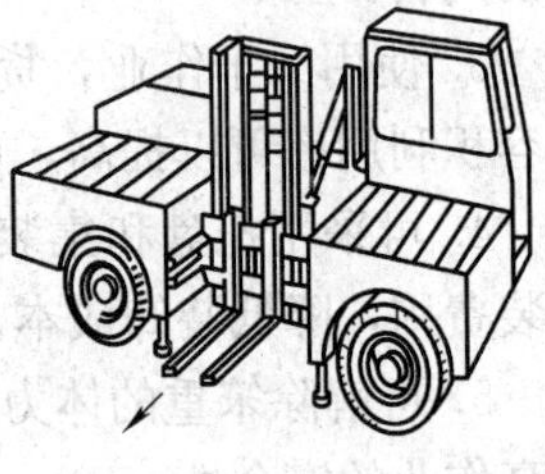
3	插腿式叉车	车体前两条外伸的车轮支腿作业时跨在货物两侧，货叉位于支腿之间，使货物重心总是处于车辆支撑面内的堆垛用起升车辆	用于在较小空间内进行装卸、堆拆垛和物资的短距离搬运	

续表

序号	名称	定义	主要用途	图示
4	前移式叉车	前移时使货叉上承载的货物相对于前轮呈悬臂状态的堆垛用起升车辆	用于在较小空间内进行装卸、堆拆垛和物资的短距离搬运	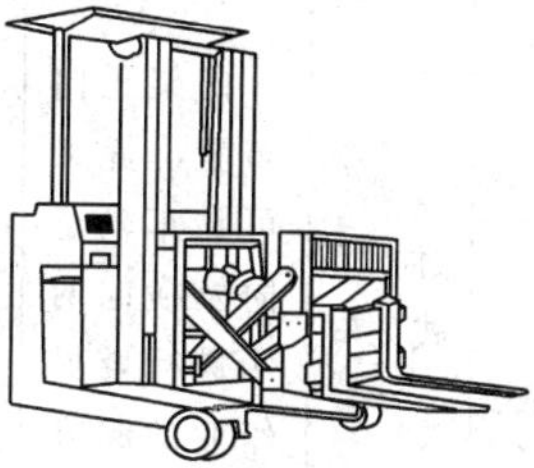
5	随车携行式叉车	有用自身动力装上运输车或固定在运输车辆的后面，进行伴随保障的叉车	具有叉车的各项功能，并可实施伴随保障，随行速度高	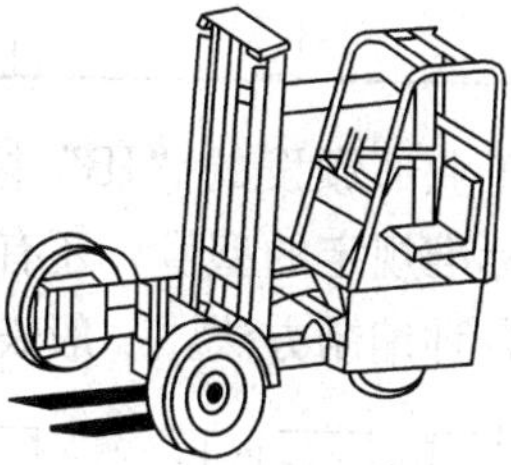
6	拣选车	操作者可随操作台及承载的货叉或平台一同起升，在货架中拣选存取货物	主要用于库内货架间工作	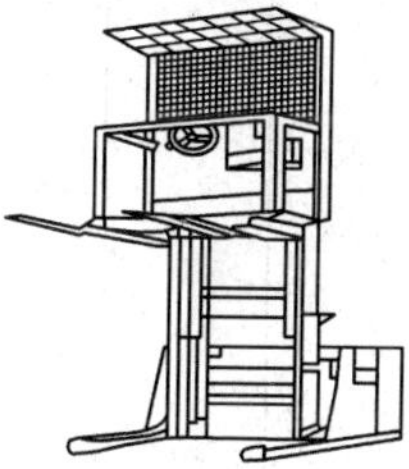
7	侧向堆垛式叉车	门架正向布置，货叉可在车辆横向的一侧或两侧进行堆垛作业的起升车辆	主要用于侧向堆垛	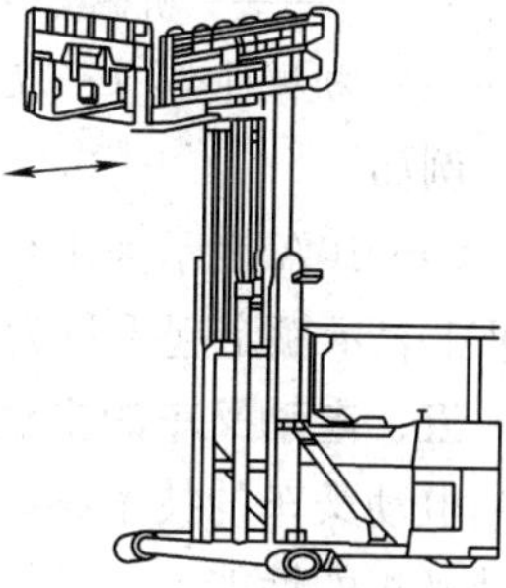

续表

序号	名称	定义	主要用途	图示
8	三向堆垛式叉车	门架正向布置，货叉可在车辆正向及横向两侧进行堆垛作业的起升车辆	可用于多向的堆、码垛作业	

械工业部颁发的"JB"标准所规定的统一型号；也有铁道部部颁标准规定的型号；还有各生产厂企业标准所规定的型号等。综合各种编制方法，一般表示如下：

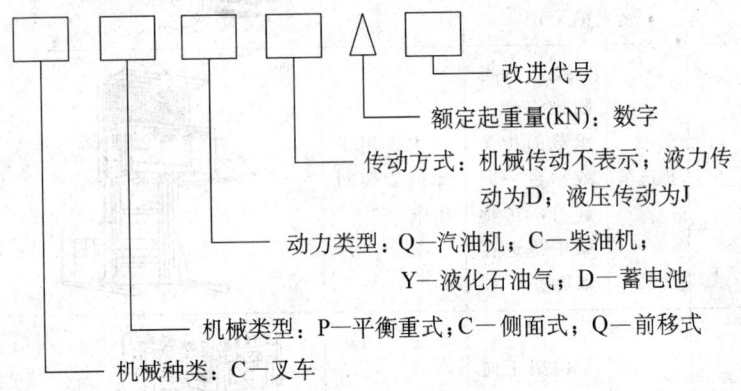

例如：

CPD10A 表示为 1 t 平衡重式蓄电池叉车，经过一次改进；CQD1 表示额定起重量为 1 t 的前移式电动叉车。

五、电动叉车的主要技术参数

电动叉车的技术参数主要表明叉车的性能和结构特征，包括电动叉车的性能参数、尺寸参数和质量参数等。其中，性能参数有：额定起重量、实际起重量、载荷中心距、最大起升高度、最大起升速度、门架倾角、最大运行速度、最小转弯半径、最大爬坡度、最小离地间隙、最小通道宽度等；尺寸参数有：轴距、前后轮距、外形尺寸等；质量参数有：自重、桥负荷、挂钩牵引力等。常用电动叉车的额定起重量有：0.4 t、0.5 t、1.0 t、1.5 t、2.0 t、2.5 t、3.0 t、4.0 t、5.0 t、6.0 t等。

模块二 动力型蓄电池

一、动力型蓄电池的结构特点

目前，在蓄电池叉车上使用的电源基本上都是动力型蓄电池。动力型蓄电池也称牵引型蓄电池，其工作原理与启动型蓄电池基本相同。

在结构上，动力型蓄电池正极板一般采用管式极板，负极板是涂膏式极板。管式极板是由一排竖直的铝锑合金芯子，外面套以玻璃纤维编结成的管子，管芯是在铅锑合金制成的栅架格上，并由填充的活性物质构成。由于玻璃纤维的保护，使管内的活性物质不易脱落，因此管式极板寿命相对较长，如图6—1所示。

将单体的动力型蓄电池通过螺栓紧固连接或焊接的形式，可以组合成不同容量的蓄电池组，蓄电池叉车都是以蓄电池组的形式提供电源的。

二、动力型蓄电池的性能

动力型蓄电池自出厂之日起，在温度为5~40℃，相对湿度不大于80%的环境中，保存期为两年，若超过两年，容量和使用寿命都会相应地降低。

动力型蓄电池在放电过程中，当电解液温度不同时，其表现出的电气性能也不同。表6—2所列为电解液平均温度在30℃时表现出的电气性能。

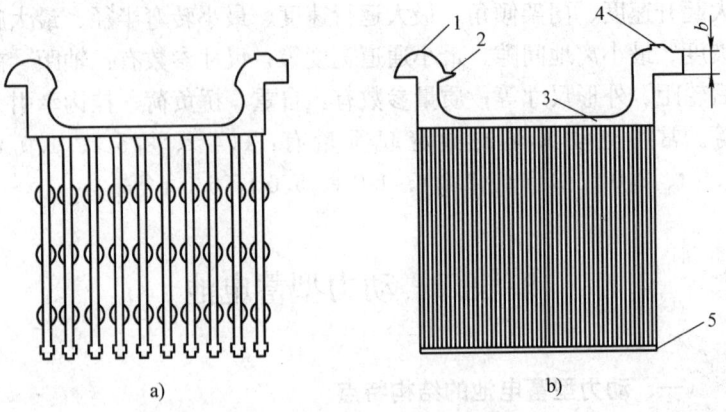

图6—1 动力型蓄电池的结构图
a) 栅架 b) 极板
1—挂耳 2—挂钩 3—背梁 4—焊接极耳 5—封底

表6—2 动力型蓄电池在电解液平均温度为30℃时的电气性能

型号	放电率（h）								开始放电时电解液密度 (g/cm³) (30℃)
	5		3		1		0.5		
	终止电压 1.75 V				终止电压 1.75 V		终止电压 1.50 V		
	电流 A	容量 Ah	电流 A	容量 Ah	电流 A	容量 Ah	电流 A	容量 Ah	
D—232	46.4	232	65	195	139	139	232	116	
D—250	50	250	70	210	150	140	250	125	
D—308	61.6	308	86	258	185	185	308	154	1.265±0.005
D—330	66	330	92	276	198	198	330	165	
D—370	74	370	104	312	222	222	370	185	
D—440	88	440	123	369	264	264	440	220	

续表

型号	放电率（h）							开始放电时电解液密度 (g/cm³)（30℃）
	5		3		1		0.5	
	终止电压 1.75 V				终止电压 1.75 V		终止电压 1.50 V	
	电流 A	容量 Ah	电流 A	容量 Ah	电流 A	容量 Ah	电流 A	容量 Ah	
D—180	36	180	50	150	108	108	180	90	
D—390	78	390	109	327	234	234	390	195	
D—520	104	520	146	438	312	312	520	260	
D—300	60	300	84	252	180	180	300	150	
D—350	70	350	98	294	210	210	350	175	
D—400	80	400	112	336	240	240	400	200	1.265±0.005
D—395	79	395	111	333	237	237	395	197.5	
D—450G	80	350	126	378	270	270	450	225	
D—515	103	515	144	432	309	309	515	257.5	
D—360	72	360	101	303	216	216	360	180	
D—385	77	385	106	318	231	231	385	192.5	
D—450	90	450	126	378	270	270	450	225	
D—480	96	480	133	399	480	480	480	240	1.280±0.005

注：表中 3 h 放电率和 1 h 放电率的容量不作考核，仅供参考。

模块三 直流电动机

一、直流电动机的分类与结构

电动机是将电能转化为机械能的装置，按照供电电源不同，可分为交流电动机和直流电动机两大类。作为装卸搬运机械的原动机，交流电动机在门桥式起重机、电动葫芦、带式输送机和电动搬运车辆上有广泛应用。交流电动机具有结构简单、制造容易、价格便宜、运行可靠、维护方便、效率较高等优点,其缺点是功率因数低,运行时需要从电网吸收无功电流来建立磁场,功率因数小于1。直流电动机具有良好的起动性能和调速性能,加之机械特性能更好地满足工作机械的要求,因而广泛用于电力牵引、起重设备等要求调速范围大、精度高的场合。由于目前电动叉车使用的都是直流电动机,因此,下面主要介绍直流电动机的结构和工作原理。

1. 直流电动机的分类

按照励磁方式的不同,直流电动机可分为他励、串励、并励和复励等种类,如图6—2所示。

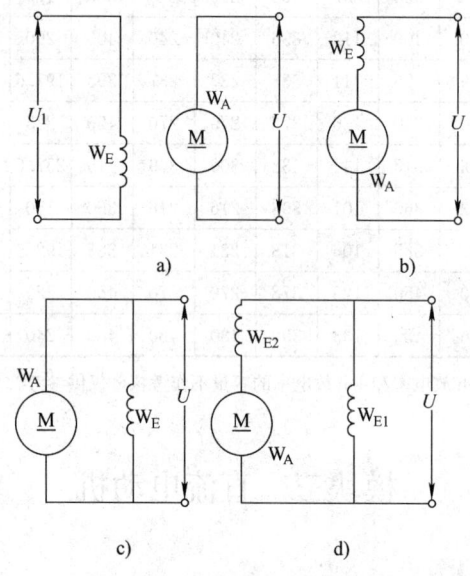

图6—2 直流电动机的励磁方式
a) 他励 b) 串励 c) 并励 d) 复励

他励直流电动机——励磁绕组 W_E 与电枢绕组 W_A 互不相联,励磁绕组由独立的直流电源供电,如图6—2a所示。

串励直流电动机——励磁绕组 W_E 与电枢绕组 W_A 串联，两绕组中的电流相同，如图 6—2b 所示。

并励直流电动机——励磁绕组 W_E 与电枢绕组 W_A 并联，两绕组电压相等，如图 6—2c 所示。

复励直流电动机——有两组励磁绕组 W_{E1} 和 W_{E2}，其中一组 W_{E2} 与电枢绕组 W_A 串联，另一组与电枢绕组 W_A 以及 W_{E2} 并联，如图 6—2d 所示。

不同励磁方式的电动机具有不同的机械特性，根据生产机械的要求选择相应的励磁方式的直流电动机。串励式直流电动机具有双曲线的（软）机械特性，可以在低速时获得较大的转矩，轻载时获得较高转速，所以蓄电池叉车采用了串励直流电动机。

2. 直流电动机的型号

在直流电动机上有一块标明其型号和主要技术参数的铭牌，为使用和选择电动机提供依据。

（1）铭牌。根据国家标准及使用时的技术要求，制造厂对电动机规定了额定工作情况，标志额定工作情况的各种数值称为定值。一般在电动机铭牌上标有额定容量（功率）P_N（kW）、额定电压 U（V）、额定电流 I（A）、额定转速 n（r/min）、工作定额和温升等，对于他励直流电动机还需标明励磁电压。

（2）直流电动机的型号。在电动叉车中用到的直流电动机型号有很多种，常用的主要有 ZQ、ZXQ、ZQD、ZZ、ZZY 等几种，如 ZXQ 的具体意义如下所示：

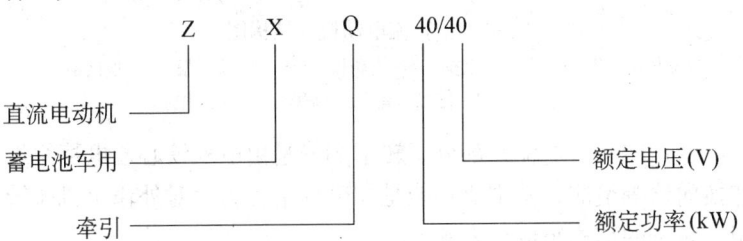

(3) 直流电动机的参数。根据国家标准及使用时的技术要求,制造厂对电动机规定了额定工作情况,标志额定工作情况的各种数值称为定值,一般在电动机铭牌上标有。

3. 直流电动机的结构

直流电动机在结构上可以分为定子(或磁极)和绕轴转动的转子(或电枢)两部分,如图 6—3 所示为直流电动机的结构图。

(1) 定子(磁极)部分。直流电动机的定子部分主要由产生磁场的主磁极、外壳(机座)、电刷装置和前后端盖等组成,见表 6—3。

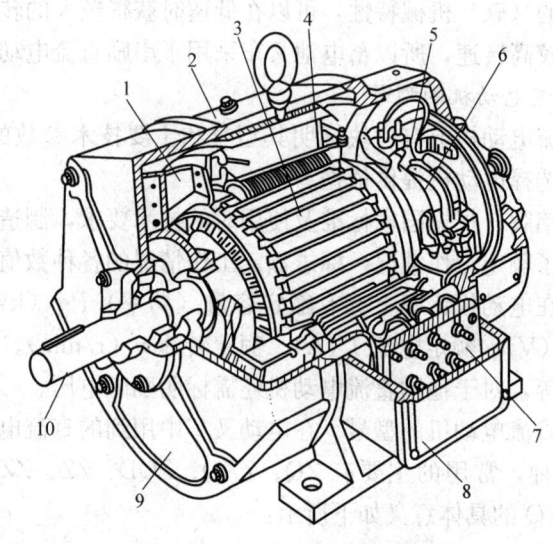

图 6—3 直流电动机的结构图
1—风扇 2—机座 3—电枢 4—主磁极 5—电刷及刷架 6—换向器
7—接线板 8—接线盒盖 9—端盖 10—输出轴

(2) 转子(电枢)部分。转子部分是由电枢铁心、电枢绕组和换向器等组成;其主要功能是在磁场中受力而对外输出机械转矩。转子的结构组成见表 6—4。

表6—3　　直流电动机定子部分的结构

结构名称	图示	结构特点	主要功能
主磁极	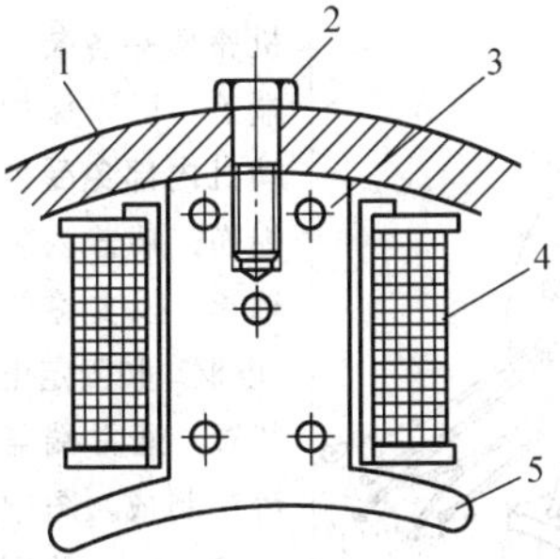	由铁心和套在铁心上的励磁绕组两部分组成。铁心用 $1\sim2$ mm硅钢片叠成，用来导磁和支持励磁绕组；铁心下面扩大的部分称为极靴。主磁极的数目有2极、4极、6极等。在连接励磁绕组时，应保证相邻磁极是异极性。图中的序号分别表示机座、螺栓、铁心、励磁绕组和极靴	产生主磁场
换向磁极	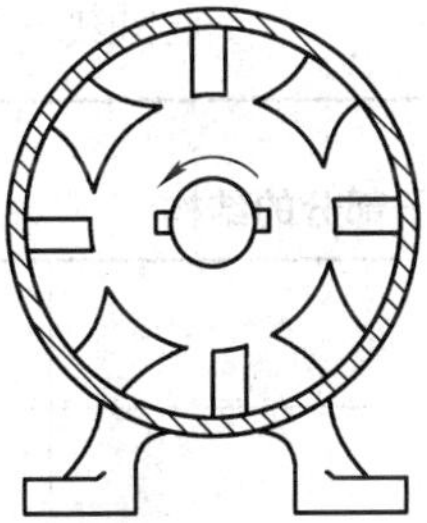	由铁心和绕组构成。通常铁心由整块钢做成，它用来支撑绕组和导磁；绕组由导线绕成	产生附加磁场
电刷装置	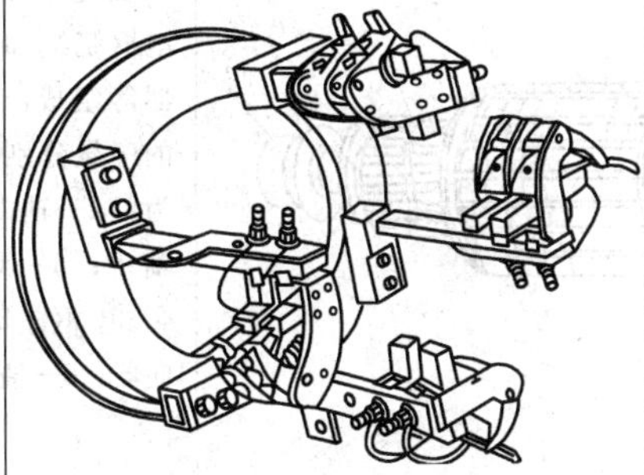	电刷通常用石墨制成，放在电刷架的刷握里，依靠弹簧弹力将它紧压在换向器上	连接电枢与外电路

续表

结构名称	图示	结构特点	主要功能
机座和端盖	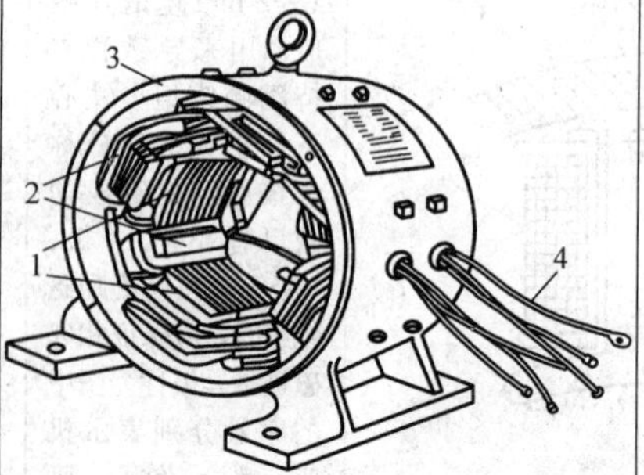	机座多采用钢板焊接或铸钢制成。机座两端各装一个端盖,用以保护电动机内部免受外界损伤;端盖内装有轴承,以支撑转子(电枢)和固定电刷装置,通常端盖用铸铁制成。图中的1、2、3、4分别表示主磁极、换向磁极、机座(外壳)和引出线	支撑整个电动机

表 6—4　　直流电动机转子部分的结构

结构名称	图示	结构特点
转子	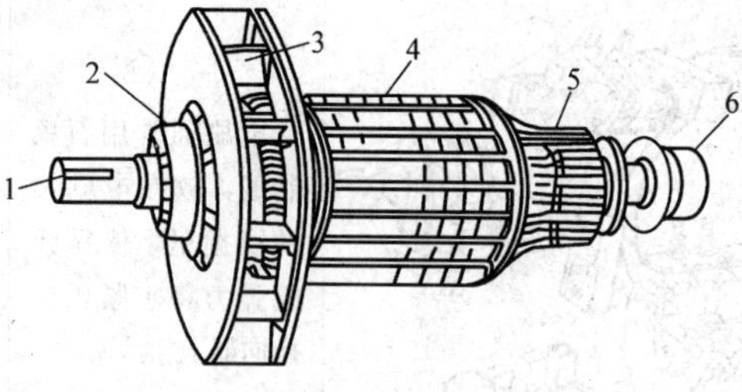	由电枢铁心、电枢绕组和换向器等组成,图中的序号分别表示为:1—轴;2—轴承;3—风扇;4—电枢;5—换向器;6—轴承

续表

结构名称	图示	结构特点
电枢铁心	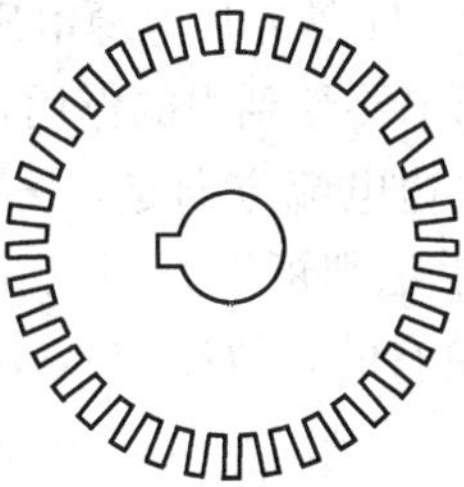	电枢铁心的作用是放置电枢绕组，它也是磁路的一部分。电枢铁心是由带槽的硅钢片叠成的，硅钢片的厚度约为 0.35~0.5 mm，片与片之间互相绝缘
电枢绕组	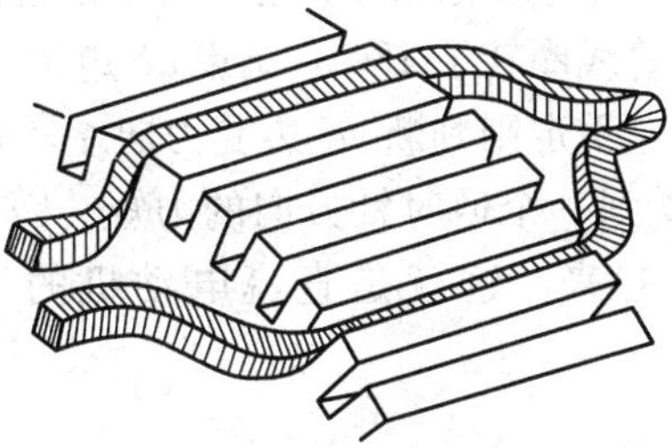	电枢绕组是由许多铜制的线圈组合起来的，这些线圈叫做绕组元件；绕组元件绝缘后嵌入电枢铁心表面的槽中，然后将这些元件按照一定的方法连接起来，线圈的端部焊在换向器上
换向器	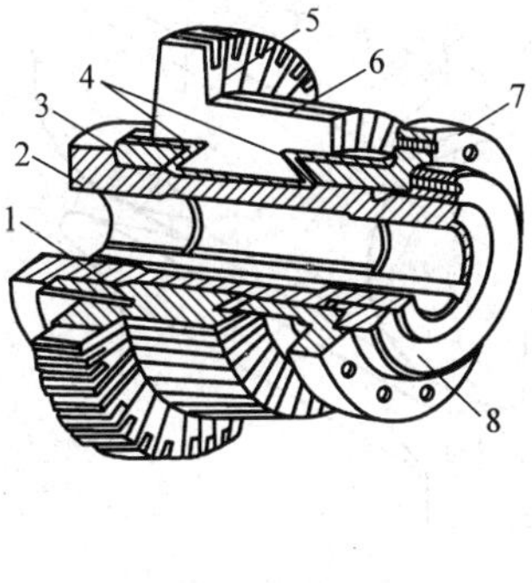	换向器是一个圆柱体，由许多带有燕尾形的铜片（或换向片）叠成。相邻两换向片之间都垫有云母绝缘片；所有的换向片都嵌入金属套筒后压紧，换向片与套筒间也用云母绝缘。每个换向片尾端有一个凸起部分，上面有一个小槽，电枢绕组的首末端就焊接在这个小槽里。图中序号分别表示为：1—绝缘套筒；2—钢套；3—V形铜环；4—V形云母环；5—云母片；6—换向片（铜制）；7—压环；8—锁紧圈

4. 直流电动机的工作原理

如图 6—4 所示为直流电动机工作原理图。磁极 N、S 是由主磁极产生的一对磁极，线圈 abcd 代表电枢线圈（绕组）；A 和 B 表示换向器，小方块表示电刷，U 是外加电源电压。

我们知道，通电导体在磁场中要受到力的作用，其受力方向用左手定则判断。图 6—4 中 ab 边电流方向是 $a \rightarrow b$，cd 边的电流方向是 $c \rightarrow d$。因此，根据左手定则可以判断出 ab 边受力 F_{ab} 是向左的，而 cd 边受力 F_{cd} 是向右的，故线圈 abcd 受到一个逆时针方向旋转的力矩。

当线圈 abcd 旋转 180°后，ab 边和 cd 边与图示位置正好对调了，而换向器同样也随着线圈转了 180°，结果 ab 边和 cd 边的电流方向都反过来。根据左手定则判断 cd 边受力向左，ab 边受力向右，线圈 abcd 仍然受到一个逆时针方向的力矩。因此，线圈连同电枢铁心就旋转起来，这就是直流电动机的工作原理。

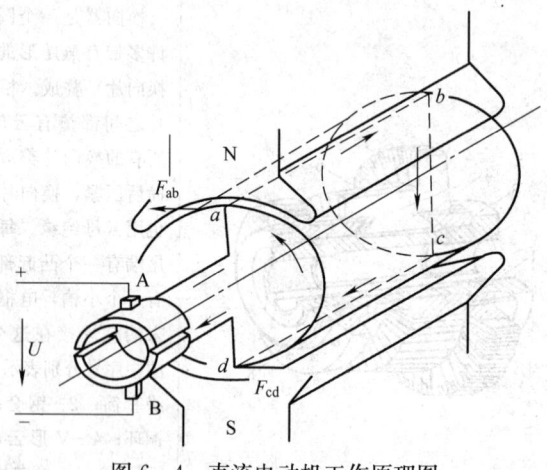

图 6—4 直流电动机工作原理图

二、串励直流电动机的控制类型

电动叉车在作业过程中，由于要频繁地进行起动、加速和制动，这些动作都是通过对电动机的控制来实现的，因此，对直流电动机实行及时、有效的控制是十分重要的。目前，对串励型直流电动机的控制主要有起动控制、调速控制、反转控制和制动控制等几种形式。

1. 直流串励电动机的起动控制

直流串励电动机不能直接接入电源进行起动。因为在起动瞬间，电动机的转速为零，即 $n=0$，此时反电动势 $E_A=0$，根据电源电压与反电动势以及电阻压降的关系可知，此时的电枢电流（称为启动电流，用 L_{st} 表示）为：

$$L_{st} = (U-E_A)/(R_A+R_W) = U/(R_A+R_W)$$

由于电动机起动瞬间 $E_A=0$，又因为直流串励电动机的磁极绕组的电阻 R_W 和电枢绕组的电阻 R_A 都很小，故起动时的电流很大，约为其额定电流的 10~20 倍。

这样大的起动电流会在换向器上产生强烈的火花而烧坏换向器；同时还会使电动机及其所带动的机械产生很大的冲击，从而给工作机械带来危害，例如使叉车的货物产生猛烈撞击或使货物掉落等。

为了保证电动机在起动时，既有较大的起动转矩又不致烧毁换向器，一般限制起动电流在 1.5~2.5 倍额定电流的范围之内。所采用的方法是减压起动，即降低电动机的端电压来起动。减压起动通常采取两种方法，即串接电阻减压起动和晶闸管调压起动。

（1）串接电阻减压起动。串接电阻减压起动（见图 6—5）是在电动机电路中串入数级电阻。这种起动方法只能分级起动，且起动电阻还有附加损耗，所以不经济；但这种方法简单、方便，故在小功率电动机中用得较广。

（2）晶闸管调压起动。利用晶闸管调压原理，使电动机电压

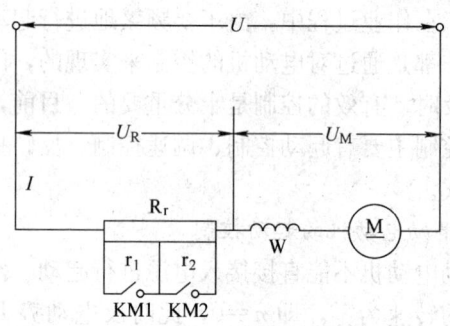

图 6—5　串接电阻减压起动

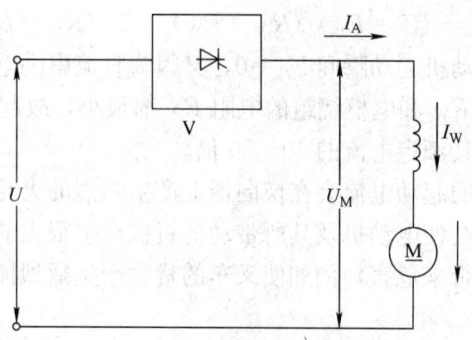

图 6—6　晶闸管调压起动

U_M 逐渐增大，转速从 0 逐步加快直到额定转速，实现起动，如图 6—6 所示。这种起动方法没有附加损耗，经济性好。因电压可以均匀地增加，使起动过程很平滑，目前在电动叉车上基本都采用这种起动控制方式。

2. 直流串励电动机的调速控制

所谓电动机的调速是指用人为的方法，使电动机在同一负载下获得不同的转速。根据直流串励电动机的转速公式：

$$n = [U_M - I_A(R_A + R_w)]/C_e\Phi$$

由上式可知，改变电动机的励磁磁通 Φ 或电动机的端电压

U_M,均可改变电动的转速 n。而改变电动机的电压 U_M,又可通过改变电源电压 U 或者在电枢电路中串接电阻来达到。因此,串励电动机的调速方法是多样的,下面介绍几种常用的调速控制方法。

(1) 改变磁通 Φ 调速。串励电动机从转速表达式可知,转速 n 与磁通成反比例变化,即磁通 Φ 增大,转速 n 减小(降低),磁通 Φ 减小,转速 n 增加。

磁通 Φ 的增减变化有两种方法,一种是改变励磁电流 I_W,另一种是改变励磁绕组的匝数 N,下面分别介绍。

1) 改变励磁绕组匝数 N 调速。如图 6—7 所示,电动机励磁绕组由 W1(设匝数为 N_1)、W2(设匝数为 N_2)两部分组成。当触头 KM 断开时,N_1 与 N_2 串联,电枢电流同时流过 I_{W1} 和 I_{W2},这时产生磁通的励磁绕组总匝数为 N_1+N_2。当触头 KM 闭合时,绕组 N_1 被触头短接而切除,这时产生磁通的励磁绕组变为 N_2,即匝数减少,从而磁通 Φ 减少,电动机的转速 n 升高。这种调速方法所需换接设备少,调速过程没有附加电能损耗,比较经济,故用得较多,但是,采用这种调速方法的电动机必须是专门制造的。

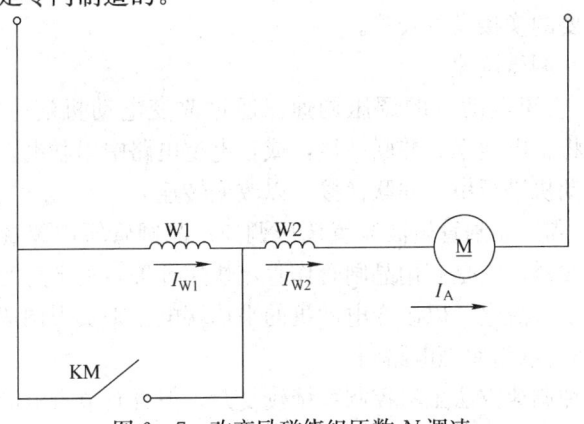

图 6—7 改变励磁绕组匝数 N 调速

2) 改变励磁电流 I_W 调速。电路如图 6—8 所示，电动机的励磁绕组由相同的两个分段 W1 及 W2 构成，通过 W1 与 W2 的串、并联换接，可以改变励磁电流，实现调速。

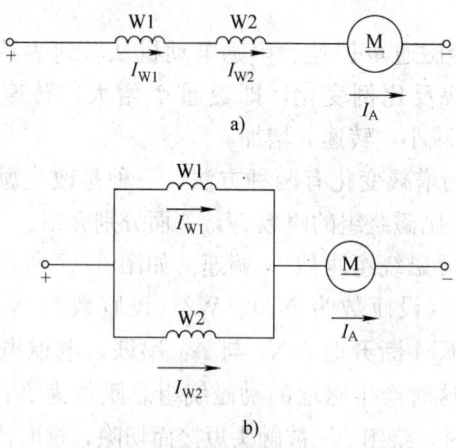

图 6—8 改变励磁电流 I_W 调速

应该指出，实际上当负载不变时，换接后因磁通减小，电枢电流会增大。因此，并联时的励磁电流并不等于串联时励磁电流的一半。这种调速方式也比较经济，但与改变励磁绕组匝数相比较，需要的换接设备较多。

（2）调压调速

1) 直流电动机的调压调速。通过改变电动机端电压 U_M，例如，将蓄电池串、并联换接，或在电枢电路中串联电阻，或将两个电动机进行串、并联换接，以改变转速 n。

2) 利用晶闸管斩波装置调压调速。晶闸管斩波装置又称晶闸管斩波器，它是利用晶闸管作直流快速开关，把平直的直流电变成脉动直流电，以改变电动机的平均端电压来实现调速的，如图 6—9 所示为原理电路图。

这种调速方法虽然控制系统较复杂，但具有节省电能、电源利用率高以及能实现无级调速等优点，目前大多数采用直流串励

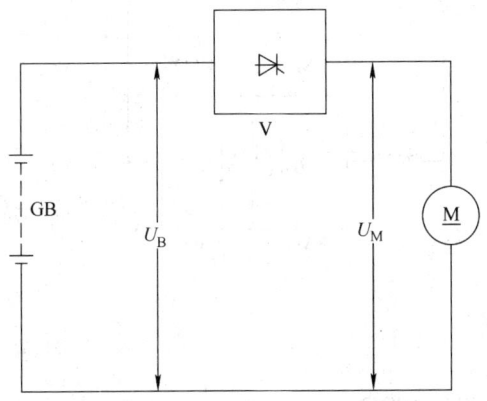

图 6—9　利用晶闸管斩波器进行调速原理图

电动机驱动方式的电动叉车都采取这种调速方法。

3. 直流串励电动机的反转控制

改变直流串励电动机的转向,是通过改变电磁转矩的方向来实现的。由直流串励电动机的工作原理可知,改变电枢电流 I_A 的流动方向或者改变励磁磁通中的方向,都可以改变电磁转矩的方向;而同时改变电枢电流和励磁磁通的方向,则不能改变电磁转矩的方向。通常是利用开关或接触器等电器,将电枢绕组或励磁绕组进行正、反换接的方式来实现串励电动机反转的。

如图 6—10 所示为利用换向接触器使电动机反转的几种方法。图 6—10a 为反接电枢的方法;图 6—10b 为反接励磁绕组的方法;图 6—10c 为换接绕向相反的励磁绕组的方法。在图 6—10a 中,当反向接触器 KM2 触头闭合时,电流方向如图中虚箭头所示,这时电枢电流 I_A 反向,使电动机反转。励磁电流 I_W 反向,如图 6—10b 所示;或两组绕向相反的励磁绕组 W_1 与 W 换接,如图 6—10c 所示,都能使磁通反向,因而使电动机反转。

4. 直流串励电动机的制动控制

直流串励电动机的制动有反接制动、能耗制动和再生制动等几种形式,目前在电动叉车上应用最多的是再生制动。

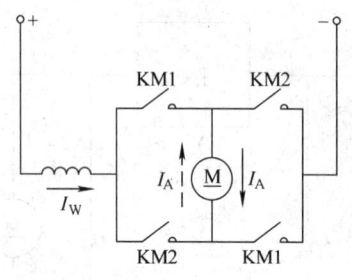

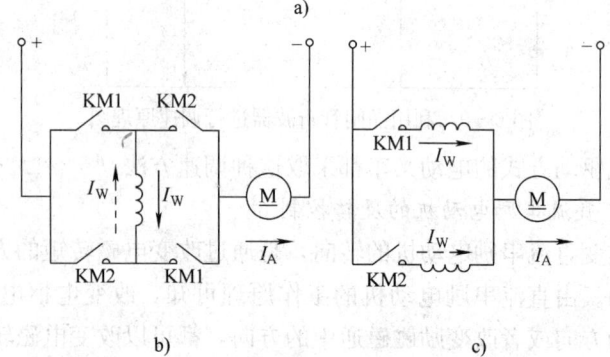

图 6—10 串励电动机的反转控制
a) 电枢反接 b) 励磁绕组反接 c) 励磁绕组换接

如果在直流电动机的自励能耗制动过程中,通过适当控制电路,将电枢中产生的电动势加到蓄电池上,用以对蓄电池进行充电。就可以使制动时的能量得到再生,这就是再生制动,或称为反馈制动。

实现再生制动应满足两个条件:一是电动机应运行在发电状态;二是运行在发电状态的电动机产生的电能(由制动能量转换而来)应通过适当的电路反馈到蓄电池。直流串励电动机作发电机运行构成再生制动,使车辆的动能得以回收有两种情况:一是电动车辆下坡时,电动机的转子转速因阻力减小而升高,当超过最高允许转速时,应转入再生制动状态;二是车辆减速时,将车辆动能转换成电能,反馈到电源中去。

如图6—11a所示，再生制动的控制电路由接触器KM、二极管VD3、再生制动传感器SH，以及二极管VD1、VD2等组成。

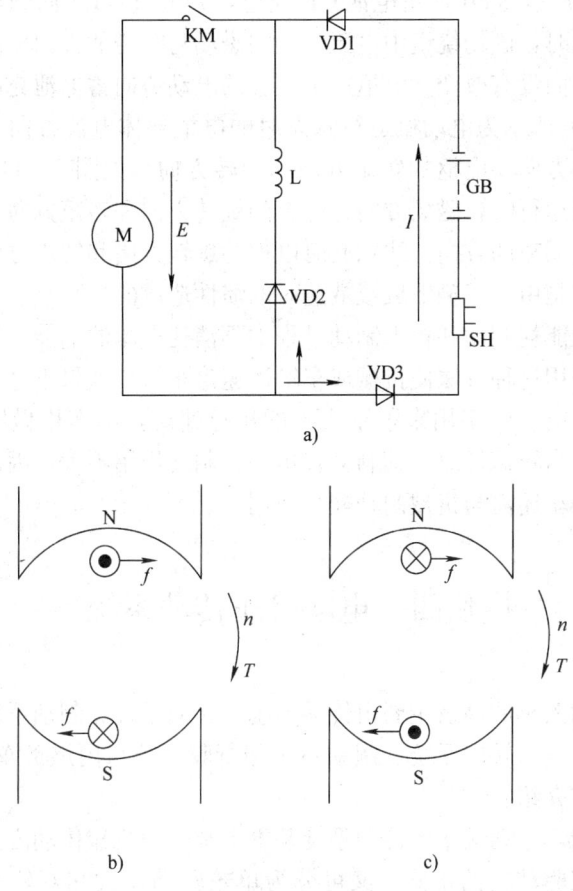

图6—11 EV100型调速控制器的再生制动控制
a) 再生制动电路图 b) 电动机运行状态 c) 发电机运行状态

再生制动在电动装卸搬运机械的控制中已有较多的应用，如通用电气公司的EV100型电动车辆调速控制器。如图6—11a所示，在再生制动功能起作用时，接触器 KM 的触点闭合，再生制动时的电动机在外力拖动状态下保持旋转方向不变，在电动机的电枢中产生感应电动势，所产生的电动势经 VD3 和再生制动传感器 SH 及 VD1 向蓄电池 GB 充电，并通过 VD2 向磁场绕组供电。此时，磁场绕组中电流产生的磁场与剩磁的方向相同，即磁场的方向没有改变，电枢产生足够的电动势向蓄电池充电。如图 6—11b 所示为电动机运行状态时的电枢导体电流方向、电枢导体受力方向、电枢的转矩方向和旋转方向。如图 6—11c 所示为发电机运行时，磁场方向、电枢的旋转方向和转矩方向未变时的感生电动势的方向。注意此时电枢的旋转方向和转矩方向没有改变，这是由于车辆下坡或减速时的惯性造成的。

自励能耗制动和再生制动过程中不消耗电源的电能，故较经济。但采用这种方法使机械或车辆迅速停车时，效果不好，故这两种制动的方法多用来限制机构的运行速度，即多用做限速制动。因为当转速低时，其制动转矩小，制动作用不大，因此，要使机构停车还需与机械制动配合使用。

模块四　电动叉车传动系统

电动叉车的底盘主要由传动系统、转向系统、制动系统和行驶系统组成。转向系统、制动系统和行驶系统与内燃叉车相似，在此不作介绍。

目前，电动叉车的传动系统基本上都采用机械传动方式。其中，按照驱动轮的不同，又可分为单轮驱动模式和双轮驱动模式。

一、单轮驱动模式传动系统

对于小吨位的电动叉车，通常都采取单轮驱动模式。例如 79 型 0.4 t、0.5 t 叉车，CQD1 前移式叉车等均采用单轮驱动模

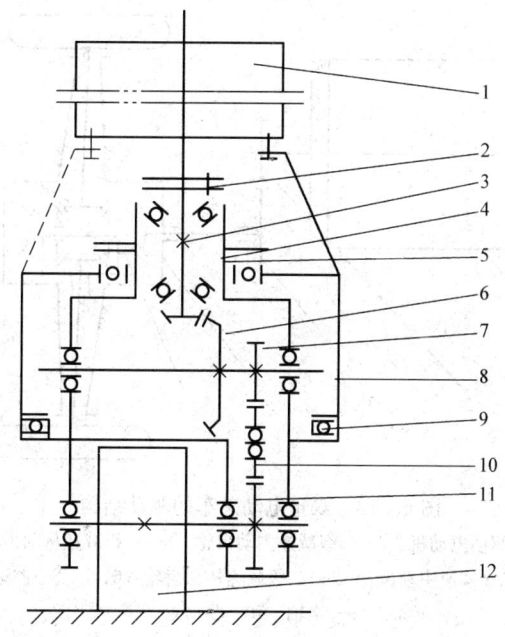

图 6—12　79 型叉车驱动装置结构图
1—直流电动机　2—联轴器　3—主动锥齿轮　4—转向链轮　5—套轴
6—从动锥齿轮　7—正齿轮　8—罩壳　9—轴承　10—过桥齿轮
11—正齿轮　12—驱动轮

式。如图 6—12 所示为 79 型叉车驱动装置,它装于叉车的左后部,是以左后轮为驱动轮,右后轮为辅助轮。采取单轮驱动叉车的传动系统在结构上主要由三部分组成,即固定部分、回转部分和传动部分。

二、双轮驱动模式传动系统

对于大吨位的电动叉车,一般采用双轮驱动模式,如图 6—13 所示。CPD1、CPD2、CPD3 等吨位的电动叉车基本上都采用这种方式。

电动叉车的工作装置、属具、液压系统等与内燃叉车相似,在此不作介绍。

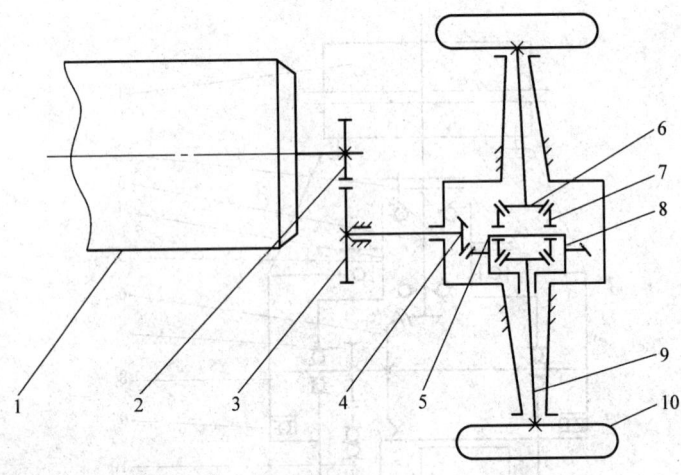

图 6—13 双轮电动叉车的驱动结构
1—驱动电动机 2——级减速主动齿轮 3——级减速从动齿轮
4—二级减速主动齿轮 5—二级减速从动齿轮 6、7、8—差速器
9—半轴 10—驱动轮

习 题

1. 简述电动叉车的定义。
2. 简述电动叉车的特点。
3. 简述电动叉车的功用及类型。
4. 解释 CPD10A 的含义。
5. 电动叉车的主要技术参数有哪些?
6. 简述动力型蓄电池的结构及性能特点。
7. 按照励磁方式的不同,直流电动机可分为哪几种类型?
8. 串励型直流电动机的控制形式有哪几种?

单元七　电动叉车的操作技术

模块一　安全操作规程

电动叉车与相应的内燃叉车，在结构上大体相同，所以操作方法也基本相同。由于电动叉车的行驶速度和换向是通过改变驱动电动机的电流大小和电流方向实现的，所以它没有机械变速器和离合器装置，直接用调速踏板控制车速，用换向开关改变机械的行驶方向（前进或倒车）。电动机械没有怠速，驱动电动机一转动，机械就起步，其速度通过调速踏板控制，脚、手制动配合减速停车。

各种叉车的基本操作方法虽然相同，但由于车型、构造上的差别，也都有各自的特点。操作时，各机构的操纵量和轻重，要反复操作体会，才能达到熟练、准确、确保安全。

一、作业前的准备工作

驾驶员在作业前，应严格按照规定要求穿戴工作服，严禁赤膊、赤足和穿高跟鞋、凉鞋参加作业，并对电动叉车做好以下各项技术检查工作：

1. 检查蓄电池电解液液面高度和密度。蓄电池电解液的液面应高出隔板 10~15 mm；电解液密度应符合该地区、该季节要求；单格电压不得低于 1.75 V，全车电压不得低于最低极限电压（如 0.4 t 电动叉车的最低极限电压为 21 V），否则应补充电解液和充电；各电极接头应清洁和紧固。

2. 检查电源线路。各电线接头应联结紧固，接触良好，熔断器应完好,各开关及手柄应在停止位置。

3. 合上应急开关,打开电锁,检查仪表、灯光、蜂鸣器等工作是否正常。

4. 检查转向机构,应灵活轻便。

5. 检查制动装置,应灵活可靠。

6. 检查各部轴承及有关运转部分是否润滑良好,动作灵活。

7. 检查行走部分及叉车液压系统工作是否正常,特别是管路接头、油缸、分配阀等液压元件有无漏油现象。

8. 根据装卸货物的尺寸,选择好货叉,并装在叉架上,调整好距离;选择好压紧装置的挡物架等,并根据货物高度恰当调整。

9. 检查货叉、压紧机构、横移机构、起重链、门架等应工作良好,使用可靠。

10. 叉车拖车时,应检查牵引钩等是否连接牢靠。

11. 发现故障,及时排除,不带故障出车。

二、起步和行驶中的注意事项

1. 行车前,驾驶员应首先察看和清理现场、通道,使其适于叉车作业行驶。

2. 起步时,应先合上应急开关,打开电锁,然后扳好方向开关的位置,鸣号,再缓慢起步并逐渐加速,禁止快速踏下调速踏板起步,以防电流过大而烧坏电动机。

3. 行车时,应逐渐加速,不允许长时间低速行驶;会、让车时,应空车让重车。

4. 行驶中严禁扳动方向开关,只有在车停稳后,才能扳动方向开关换向。应尽量避免急刹车,如遇紧急情况,应迅速拉下刀开关,踩下制动踏板,即刻停车。

5. 起步、转弯时要鸣蜂鸣器,转弯、下坡、路面不平或通过窄通道时,要减速慢行,注意安全。

6. 在道路上行驶时,要靠右侧通行,叉车货叉离地面应在

100~200 mm，门架在后倾位置；两台车同向行驶时，前后应保持 2 m 以上距离。

7. 多台叉车在站台上行驶时，前后间距应在 5 m 以上，在较窄站台上同向行驶时应严禁并行，且距离站台边缘 0.3 m 以上。

8. 叉车牵引拖车时，禁止连续曲线行驶，以免大电流放电和影响安全；无论满载、空载、上坡、下坡等，严禁倒车行驶；转弯时，应减速慢行，以免货物散落，同时要注意内轮差，以防拖车刮碰内侧或驶出路外。

9. 拖车装载高度距车底板不超过 1.5 m，两边宽度不超出拖车边沿 200 mm；牵引车在 10％以上坡道上行驶不得转向。

10. 一般情况下，电动叉车的行走电动机和油泵电动机禁止同时工作，以延长蓄电池的使用寿命。

11. 当工作电压低于蓄电池最低极限电压时，应停止工作，及时进行充电。

12. 行车中如发现有异常现象，应立即停车检查，并及时排除故障；禁止货叉载人；严禁带故障行驶。

三、作业后的工作

1. 机械使用完毕后，应及时清洁全车，并停放在合适地方，注意防冻，防日晒、雨淋。

2. 应关闭电锁，拉下应急开关，将换向开关和灯开关置于"0"位，将货叉落地，并将各油缸活塞杆缩入油缸内，拉上手制动。

3. 清洁、检查蓄电池，补充蒸馏水，检查和调整电解液密度；检查蓄电池电压，及时充电；当蓄电池电压小于最低极限电压时，应立即充电。

4. 检查液压系统的油管、接头、油缸、分配阀、油箱等是否有渗漏现象。

5. 做好交接班工作，完成班保养项目，特别要做好安全装置的保养，掌握其技术状态。

模块二　电动叉车的基本操作

一、主要操纵装置的操作方法

对叉车上的操纵装置，不仅要了解其用途和使用方法，最重要的是能熟练、准确地操作。驾驶或作业时，驾驶员主要是注意着叉车的前方，操纵装置只能用余光扫视。要做一名合格的叉车驾驶员，必须重视驾驶基本动作的练习，做到每一个动作都正确、熟练，才能保证作业安全。

1. 驾驶操纵装置的运用

（1）方向盘。叉车是一种作业机械，在叉车行驶的同时，还要操纵工作装置进行作业。对于叉车方向盘的正确握法是：左手握住方向盘上的急转弯手柄，主要以左手掌握方向盘，在不需要操纵其他装置或急转弯时，右手可以辅助左手推拉方向盘。

转动方向盘时不要用力过猛，叉车停止后不要原地转动方向盘，以免损坏转向机件。叉车在高低不平的道路上行驶或急转弯时应紧握方向盘，左手不得松开转弯手柄，以免击伤自己的手腕和手指。

（2）加速踏板。加速踏板是由右脚操纵的。操纵时用脚掌轻踏在踏板上，脚跟靠于驾驶室底板上，并以此为支点，用脚关节的屈伸动作踏下或放松。

踏下加速踏板时，电动机电路接通并随着加速踏板的继续踏下而转速加快；放松时转速减慢或停止。踏、放踏板时，用力要柔和，不宜过急，要做到"轻踏、缓抬"，不可无故忽踏忽放或连续抖动。

在叉车运行之际，右脚除必须使用制动踏板之外，其他时间均要轻放在加速踏板上，即使叉车滑行，也应保持这种姿势。在停车前，不得猛踩加速踏板。

(3) 制动踏板。制动踏板由右脚操纵，如图7—1所示，操纵时，应先放松加速踏板，然后用右脚掌踏在制动踏板上，以膝或脚关节的屈伸动作踏下或放松。

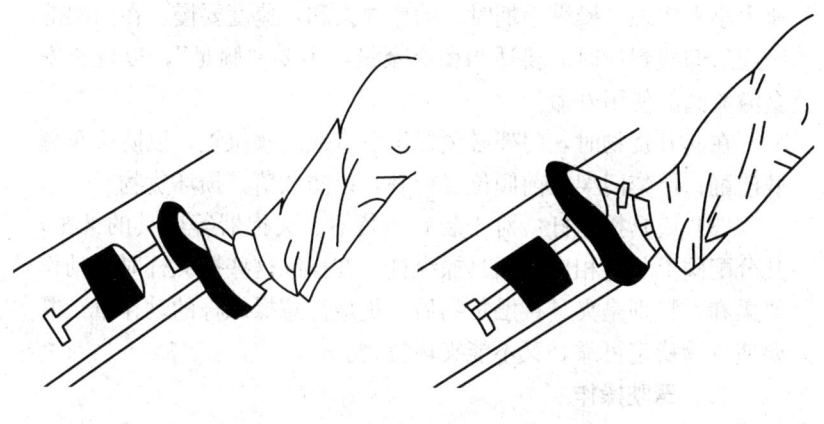

图7—1 脚踏制动踏板的位置
a) 正确 b) 不正确

踏下制动踏板的行程和速度，应根据不同的制动装置及要求的制动效果，分别采用立即完全踏下、先轻踏下再逐渐加重及随踏随放的方式，以达到减速或停车的目的。除有紧急情况需施行紧急制动外，一般应"缓慢轻踏，迅速放松"，尤其是在叉车重载行驶时，否则易造成货物散落，甚至损坏。

电动叉车在快速行驶或下坡实施停车制动时，应先踩制动踏板，降低车速，然后再关闭电锁开关，实现停车。

2. 工作装置的操纵方法

叉车工作装置一般均由右手操纵。操纵前应看清标牌，谨慎操作，具体如下：

(1) 货叉升降操纵杆。起升货物时，应先稍踏加速踏板，提高电动机的转速和功率；货叉的升降速度可以通过控制操纵杆的到位程度和电动机转速大小来实现。在升降货物的开始和停止时，动作要柔和，货叉速度要慢，以免散落、损坏货物及损坏机械。

(2) 门架倾斜操纵杆。操纵门架前倾或后仰时，叉车应当制动。门架后倾时，应稍踏加速踏板，提高电动机转速和功率。

门架的倾斜速度可以通过控制操纵杆的到位程度和发动机转速大小来实现。操纵手柄时，动作要柔和，速度要慢。在门架前倾或后仰快到位时，要适当留有余量，不要"倾足"，以延长安全溢流阀的使用寿命。

在起升货物时，门架必须置于垂直或后倾位置，以防叉车超载前翻；严禁门架在前倾位置行驶，以防散落、损坏货物。

(3) 属具操纵杆。对于装有压货器、夹抱器等属具的叉车，其分配阀上装有相应的属具操纵杆。在操纵这些操纵杆时，动作要柔和，特别是夹具接触货物后，更应注意操纵杆的动作量，既要使货物稳定可靠，又不能夹坏货物。

二、驾驶操作

1. 起步

起步是叉车驾驶最基本、使用频率最高的操作动作。起步质量的好坏，直接影响到叉车的作业效率、货物的安全以及机械的使用寿命等。

电动叉车起步时，上体要保持端正、自然，两眼注视货垛情况及行驶方向上道路情况。具体操作方法是：起步时，应先合上应急开关、打开电锁，然后扳好方向开关的位置，鸣号，再缓慢起步并逐渐加速。

2. 直线行驶

(1) 前进。驾驶姿势要端正，眼视前方，看远顾近，注意两旁。正确操纵方向盘，以左手为主，右手为辅，一手拉动，一手推送，紧密配合。

行驶中，由于路面凹凸不平，易使转向轮受到冲击振动而产生偏斜，须及时修正方向。当车头向左（右）偏斜时，应向右（左）转动方向盘，待车头接近行驶路线时，再逐渐将方向盘回正。修正方向时，要少打少回，尤其要注意叉车后轮转向的特点,以免叉车"画龙",并细心体会方向盘的游动间隙。如叉车在道路右侧行驶时,为防止向右偏斜,应将游动间隙留在方向盘的右侧。

(2)倒车。在电动叉车的驾驶中,"倒车"的使用率虽然不及"前进",但远远高出其他车辆。正确熟练地进行倒车,对提高叉车的作业效率起着很重要的作用。

对于驾驶座位在左边的叉车,在较长距离的倒车时,应左手掌握方向盘,身体向右斜坐,右臂依托在靠背上,转头向后,两眼注视后方情况及货垛情况。倒车前,应先看清周围情况,选定进退路线,发出倒车信号,并鸣蜂鸣器,以引起其他车辆和行人的注意。在倒退中必须控制好车速,不可忽快忽慢,防止因倒车速度过快而发生危险。

3. 停车

(1)放松加速踏板,根据情况需要,分别采用立即完全踏下、先轻踏下再逐渐加重及随踏随放的方式,以达到减速或停车的目的。

(2)拉紧手制动杆,将货叉降至最低位置,关闭电锁开关,并拔下蓄电池的连接插头。

平稳停车的关键,在于根据车速快慢,用适当、均匀的力踏踩制动踏板,特别是当叉车将要停住时,要适当放松一下踏板,然后再稍加压力,叉车即可平稳停车。

模块三 电动叉车作业及注意事项

叉车在作业时,主要完成叉取货物、放下货物和途中行驶三个过程。前面着重介绍了叉车的基本驾驶操作,本模块主要介绍叉车的取、放货物及拆垛、码垛作业。

一、叉取作业

叉车起步后，操纵叉车驶至货堆前，操纵门架由倾斜成垂直状态，将货叉升起与货物底部同高，操纵叉车慢慢向前行驶，使货叉进入货物底部，提升货叉，使货物离开货堆，并使门架及货叉后倾，以防止叉车在行进中货物掉落，最后倒车使叉车离开货堆，降低货叉至离地面约 200～300 mm，然后操纵叉车行驶到新的货堆。全部取货程序概括起来共有八步，即驶近货垛、垂直门架、调整叉高、进叉取货、微提货叉、后倾门架、驶离货垛以及调整叉高等，见表 7—1。

二、卸载作业

叉车叉取货物后，其卸载或放货（堆垛）时的工作情况见表 7—2。叉车叉取货物后行驶到新的货堆前面，起升货叉使其超过货堆的高度，操纵叉车慢慢驶向新的货堆，并使叉取的货物对准新货堆的上方，使门架向前垂直。这时操纵货叉慢慢下降，使叉取的货物放于新货堆上，并使货叉离开货物底部，操纵叉车倒车离开货堆，后倾门架，降低货叉。全部放货程序概括起来共有以下八步：驶近货位、提升货叉、对准货位、垂直门架、落叉卸货、抽出货叉、后倾门架和调整叉高。

三、叉、卸货技术

叉车作业，不论是装货，还是卸货，都必须重复完成叉货、卸货两个基本动作。初学时，一定要严格按八个动作要求，由慢到快，循序渐进，养成良好的操纵习惯。同时还应特别注意行驶速度与操纵动作的协调、操纵动作与刹车动作的配合。

叉、卸货物的熟练程度，可以用一次循环时间、叉货准确率、放货成功率等衡量。

一个好的操作手，应做到叉而准，准而稳；行短路，转小弯；动作程序分明，车速配合适当；叉货准，卸货稳，不顶、不刮、不拖拉。

电动叉车未涉及的操作技术，参考内燃叉车操作技术部分。

表 7—1　　　　　　　　叉车叉取作业程序

作业步骤	作业名称	作业特点	作业图示	作业说明
1	驶近货垛	叉车起步后，操纵叉车行驶至货垛前面，进入工作位置		
2	垂直门架	操纵门架倾斜操纵杆，使门架处于垂直（或货叉水平）位置		（1）通过操纵杆，操纵门架动作或调整叉高，要求动作连续，一次到位成功。不允许反复多次调整，以提高作业效率 （2）进叉取货过程中，可以通过离合器控制进叉速度（但不能停车），避免碰撞货垛。取货要到位，即货物一侧应贴上叉架（或货叉垂直段），同时，方向要正，不能偏斜，以防货物散落 （3）进叉取货时，叉高要适当，禁止刮碰货物
3	调整叉高	操纵货叉升降操纵杆，调整货叉高度，使货叉与货物底部空隙同高	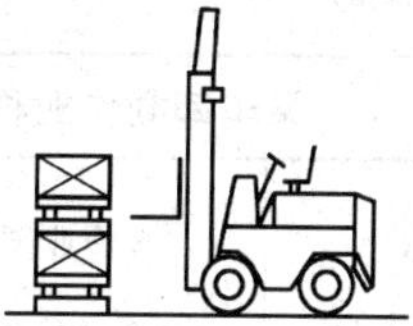	
4	进叉取货	操纵叉车缓慢向前，使货叉完全进入货物底下		
5	微提货叉	操纵货叉升降操纵杆，使货物向上起升而离开货垛	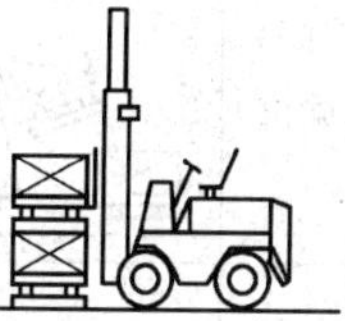	
6	后倾门架	操纵门架倾斜操纵杆，使门架后倾，防止叉车在行驶中货物散落		

续表

作业步骤	作业名称	作业特点	作业图示	作业说明
7	驶离货垛	操纵叉车倒车而离开货位		(4) 叉货行驶时，门架一般应在后倾位置。在叉取某些特殊货物，门架后倾反而不利时，也应使门架处于垂直位置。任何情况下，都禁止重载叉车在门架前倾状态下行驶
8	调整叉高	操纵货叉升降操纵杆，调整货叉的高度，使其距地面一定高度（电动叉车为 10～20 cm，内燃叉车为 20～30 cm）		

表 7—2　　　　叉车卸载作业程序

作业步骤	作业名称	作业特点	作业图示	作业说明
1	驶近货位	叉车叉取货物后行驶到卸货位置，准备卸货		(1) 通过操纵杆，操纵门架动作或调整叉高，动作要柔和，速度要慢，以防货物散落。同时动作要连续，一次到位成功，不允许反复多次调整，以提高作业效率
2	调整叉高	操纵货叉升降操纵杆，使货叉起升（或下降）而超过货垛（或货位）高度	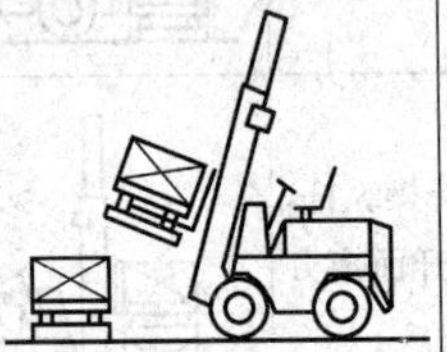	(2) 对准货位时速度要慢（可用半联动控制），但不能停车。禁止打死方向，左、右位置不偏不斜。前后不能完全对齐，要留出适当距离，以防垂直门架时货叉前移而不能对正货堆
3	进车对位	操纵叉车继续向前，使货物位于货垛（或货位）的上方，并与之对正		

续表

作业步骤	作业名称	作业特点	作业图示	作业说明
4	垂直门架	操纵门架操纵杆，使门架向前处于垂直位置	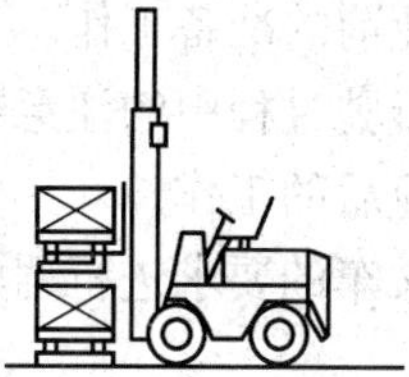	
5	落叉卸货	操纵货叉升降操纵杆，使货叉慢慢下降，将所叉货物放于货垛（或货位）上，并使货叉离开货物底部	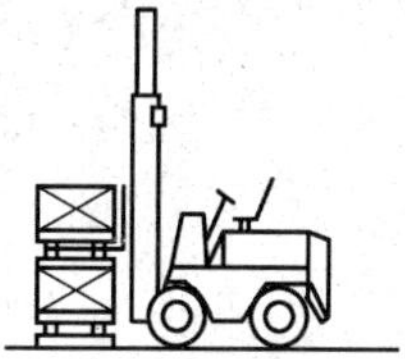	(3) 垂直门架一定要在对准货位以后进行，保证叉车在门架后倾状态移动 (4) 落叉卸货后抽出货叉，货叉高度要适当，禁止拖拉、刮碰货物
6	退车抽叉	叉车起步后倒，慢慢离开货垛	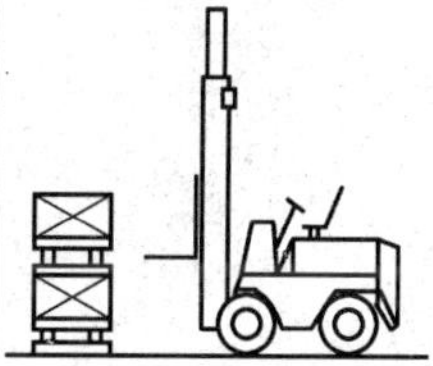	
7	后倾门架	操纵门架向后倾斜		
8	调整叉高	操纵货叉起升或下降至正常高度，驶离货堆		

习 题

1. 简述叉车作业前的准备工作。
2. 简述起步和行驶过程中的注意事项。
3. 简述叉车作业后的工作。
4. 按操作电动叉车的要求进行驾驶和作业训练。

单元八　电动叉车的维护

电动叉车在长期使用中，由于机件的磨损、自然腐蚀和老化以及外界偶然因素等的影响，使叉车的技术性能逐渐变坏，机件的可靠性也随之降低，工作能力下降甚至无法完成正常工作。因此，必须及时对机械进行维护与润滑。

电动叉车维护的目的是：恢复叉车的正常技术状态，保持良好的使用性与可靠性，最大程度地延长其使用寿命；减少能量和器材的消耗；防止事故，保证作业安全。

模块一　叉车的维护制度

电动叉车的维护制度参见单元四内燃叉车的维护制度。

模块二　叉车维护的项目及内容

一、日常维护

日常维护电动叉车时，以清洁全车外表、润滑和检查外部为主。具体维护内容有以下几个方面：

1. 清除门架、叉架、油缸、前桥、车身、后桥和各可见部位表面的积尘、杂物、油垢。
2. 按润滑表的要求，对各规定部位进行润滑。
3. 检查门架、叉架的导轮、链条、门架、货叉、油缸的铰接销、护架，各润滑点油嘴、油堵、油盖，各紧固件是否正常、齐全。

4. 检查电气系统的电线与接头，熔断器与保险片，各开关，各照明灯，蜂鸣器与按钮，各仪表，操纵多路换向阀，控制线路，蓄电池，控制装置等是否符合规定。

5. 检查液压系统的多路换向阀，使空载门架升、降、前后倾达极限位置，叉起额定载荷进一步试验，检验液压转向装置是否可靠。

6. 检查行走机构的轮胎、驱动桥、转向系统性能和制动系统性能。

7. 进一步检查与排除故障。

二、一级技术维护

一级技术维护以检查外观及调整外部间隙为主，对于电动叉车的一级技术维护，具体内容如下：

1. 完成日常维护规定的项目，达到技术要求。
2. 按润滑表进行润滑。
3. 检查门架机构的门架导轮、叉架导轮、侧向导轮并调整间隙；检查门架与链条。
4. 检查电气系统的速度控制器、微动开关、脚制动联锁开关；检查全部导线及联结；检查电动机换向器。
5. 检查液压系统的起升油缸、倾斜油缸、转向油缸、属具油缸的活（柱）塞杆；清洗油箱加油口滤网；各液压件不应有外漏、各液压件固定应牢固、各油管不应有破损漏油现象，如调整无效时，应更换油封。
6. 检查驱动桥与制动系统。转动时两车轮运转相同，制动时两轮应同步，车轮无松旷；调整制动鼓与摩擦片间隙；调整手制动；运行检查驱动桥与减速箱不应有异响。
7. 检查转向桥与转向系统。检查转向轮的极限位置；调整轮毂轴承的松紧度；检查主销磨损情况；检查转向器内各间隙情况以及拉杆球铰间隙；检查方向盘自由转角和方向盘切线方向拉力；加足润滑油；各机件不应有裂纹和明显变形。

8. 检查车架各紧定螺栓、螺母齐全，无松动，各处无裂纹、断裂、裂焊及明显变形。

三、二级技术维护

1. 电动叉车的二级技术维护内容

二级技术维护以部件内部调整，排除不良状态及局部修、换零部件为主。

（1）完成一级技术维护规定项目，并达到技术要求。

（2）检查门架机构的门架、叉架、各导轮及侧向导轮并调整间隙；检查链条并调整；检查门架及叉架有无裂纹、开焊与变形；清洗各机件。

（3）检查液压系统

1）拆检油泵。当油泵无力、有噪声、过热现象时，应解体检查并排除故障。

2）拆检油缸。当油缸无力或漏油严重，应拆检油缸，更换失效的油封，并检查缸体、活塞杆下降限速阀等件并排除故障。

3）拆检多路换向阀。当出现严重外漏，操纵动作异常时应拆检，消除故障并调整压力值。

4）清洗油箱，更换液压油，拆检出油口滤网，检查液压油管。

（4）检查与调整驱动桥。拆检减速箱及内部斜齿轮对；检查主、被动锥齿轮对的磨损与啮合状况；检查行星齿轮与半轴齿轮对；检查半轴及壳体；更换齿轮油；检查车轮轴承及轮胎。

（5）检查制动系统。检查车轮制动器；拆检制动总泵；检查制动油管和接头；检查手制动器。

（6）检查转向桥及转向系统。检查车轮轴承和轮胎；拆检转向节轴和转向梁横梁；拆检扇形板和中心轴；拆检纵、横拉杆；拆检转向器；部件检验及调整各部位。

(7) 检查电气系统。拆检走行电动机、油泵电动机、转向油泵电动机；拆检速度控制器、各开关和电气控制板；检查蓄电池箱。

(8) 检查车体及其他。检查金属结构件的裂纹、开焊及变形并予以修复；检查座椅连接及包皮；检查配重及其他件连接；油漆全车，重新涂刷标志、车号。

(9) 有条件的地方，可拆检油泵及多路换向阀；如无条件，严禁分解油泵与多路换向阀。

2. 电动叉车二级技术维护竣工检查及验收项目

(1) 全车线路排线整齐，固定牢靠。接通电锁，检查仪表、车灯、蜂鸣器等工作应正常。

(2) 蓄电池叉车起动、调整平稳无抖动现象；全速走行时，保护电路不应工作。

(3) 电动机不应过热，不应有异常声响。

(4) 转向灵活、制动可靠，倒车工作正常。

(5) 蓄电池表面清洁，电解液高度和密度应符合要求，蓄电池电压不应低于规定值（如 0.5 型叉车为 24 V，CPD2 叉车为 48 V）。

(6) 蓄电池叉车货叉、压紧机构、横移机构、起重链、门架等应动作灵活、工作可靠。

(7) 蓄电池叉车的液压系统工作应正常，管路、接头、油缸、多路换向阀等无渗漏现象。

(8) 试车检验验收。空车与重载试验各种性能；测门架下滑量与门架倾角变化，并要求车容整洁。

四、走合维护

新车和大修后的车辆，在规定的作业时间内的使用磨合，称为车辆磨合。车辆磨合期工作的特点是：零件加工表面比较粗糙，各配合件表面摩擦剧烈，磨落的金属屑较多，配合间隙变化较快，润滑效能不好，紧固件易松动等。如不及时调整，采取磨合维护措施,则将严重影响使用寿命和工作性能。因此,要按照叉车走合的规定进行使用与维护。

车辆磨合期的规定:凡机械制造厂有磨合期(走合)规定的应执行原厂规定,未经规定者,一般规定 50 h 为磨合期。

走合(磨合期)的维护具体内容有以下几个方面:

(1) 清洁全车。

(2) 检查、紧固全车各总成外部的螺栓螺母、管路接头、卡箍及安全锁止装置。

(3) 检查轮胎气压和轮毂轴承松紧度和润滑情况。

(4) 清洗减速箱、驱动桥、转向系、工作装置液压系统,更换润滑油、液压油,清洗各油箱滤网。

(5) 检查转向系效能和各机件连接情况。

(6) 检查、调整制动踏板的自由行程和手制动操纵杆行程,检查制动效能。

(7) 检查工作装置的工作效能。

(8) 检查起升油缸、倾斜油缸、转向油缸和多路换向阀及油泵的密封、渗漏情况。

(9) 检查蓄电池电解液液面高度、电解液密度和负荷电压。

(10) 检查控制装置的工作性能并润滑全车各润滑点。

五、封存维护

1. 封存的基本原则

物流搬运机械的封存,是在满足使用的前提下进行。

(1) 先调整后封存、用旧封新,以利急需。

(2) 封存的机械应是出厂未超过五年,连续两年内不使用的。

2. 封存的要求

(1) 封存机械采用集中和分散存放的方法,落实管理单位和人员并登记建账。

(2) 蓄电池叉车应卸下蓄电池封存。卸下的蓄电池应按规定充、放电,尽量调整使用。

(3) 机械封存时,按规定维修周期进行维修,保证技术性能良好。

(4) 封存的机械应在机械库内存放,垫支稳固、摆放整齐,并用塑料布棚罩好。

(5) 封存的机械每年通电、起动一次,每次不少于1 h。

(6) 封存的机械可根据检测的质量变化情况,适当延长修理维护时间间隔。

模块三　叉车的用油及润滑

在电动叉车上使用的油类有齿轮油、钙基脂、液压油、机械油、制动液和工业凡士林等。

一、齿轮油

1. 分类

齿轮传动是动力传动中最常用的形式,而用于各种齿轮传动的润滑油称做齿轮油。我国车辆齿轮油按其使用性能分为普通车辆齿轮油、中等负荷车辆齿轮油和重负荷车辆齿轮油三种,每种又分为若干牌号。

(1) 普通车辆齿轮油(GL—3)采用SAE黏度,分为80W/90、85W/90和90三个牌号。

(2) 中等负荷车辆齿轮油(GL—4)采用SAE黏度,分为75W、80W/90、85W/90、90和85W/140五个牌号。

(3) 重负荷车辆齿轮油(GL—5)采用SAE黏度,分为70W、80W/90、85W/90、90和85W/140五个牌号。

2. 适用范围

(1) 普通车辆齿轮油(GL—3)主要用于装备有螺旋锥齿轮传动的各种汽车、拖拉机、叉车、工程机械后桥和变速器及分动器。长城以北地区全年通用80W/90；长城以南地区全年通用90或85W/90；云南、海南可选用85W/140。

（2）中负荷车辆齿轮油（GL—4）主要用于高速低扭矩的小轿车、低速高扭矩的载重卡车后桥双曲线齿轮传动装置和变速箱。严寒地区用75W；寒区用80W/90；长江以北地区全年通用85W/90；长江以南地区全年通用90或85W/90；对齿轮油黏度要求较大的车辆，使用85W/140。

（3）重负荷车辆齿轮油（GL—5）主要用于重负荷或高速冲击作业条件下的各种车辆后桥双曲线齿轮传动装置和变速箱。

严寒地区用75W；寒区用80W/90；长江以北地区全年通用85W/90；长江以南地区全年通用90或85W/90。

3. 使用注意事项

（1）原20号、26号、30号渣油型已被淘汰，现应选用相应的GL—3车辆齿轮油。

（2）原22号、28号渣油型双曲线齿轮油已被淘汰，应改用GL—3车辆齿轮油。

（3）7号、13号、15号、18号、26号馏分型齿轮油，今后将逐步淘汰，应选用相应的GL—4或GL—5车辆齿轮油。

（4）GL—3、GL—4、GL—5三个等级的车辆齿轮油不能互相混用，也不能与其他内燃机油或合成油混存混用，以免发生设备事故。

（5）车辆齿轮油工作温度不太高，在使用时质量变化缓慢，消耗量小，只要按时补充新油即可。

（6）使用中的齿轮油，应按换油指标换油，换油时要将齿轮油箱清洗干净，然后加入新油。

二、润滑脂

1. 分类

润滑脂有许多种，如钙基润滑脂（钙基脂）、石墨钙基润滑脂、无水钙基润滑脂、钠基润滑脂、锂基润滑脂等。蓄电池车辆主要使用的是钙基润滑脂（钙基脂），它是由动植物油与石灰制成的钙皂稠化中等黏度的矿物油制成。按其工作锥入度分为1、2、3、4四个牌号，号数越大，脂越硬、滴点也越高。

钙基脂是我国目前生产最多的一种，也是在机械润滑上广泛使用的一种。它的特点是抗水性好，湿水不易乳化，外观呈均匀油膏状，很易黏附在金属摩擦表面上，使用温度范围为-10~+60℃，转速在3 000 r/min以下的滚动轴承一般都可以使用。

2. 适用范围

（1）1号适用于集中给脂系统和汽车底盘摩擦槽，最高使用温度为55℃。

（2）2号适用于一般中转速、轻负荷、中小型机械（如水泵、电动机）的滚动轴承，汽车、叉车的轮毂轴承，最高使用温度为60℃。

（3）3号适用于中负荷、中转速的各种中型机械的轴承上，最高使用温度为65℃。

（4）4号适用于重负荷、低转速的重型机械设备，最高使用温度为70℃。

3. 使用注意事项

（1）钙基脂的耐热性差，因为它是以水为稳定剂的，所以应注意不要超过规定的使用温度，以免失水，破坏结构，失去润滑作用。使用要求较高的精密轴承不应使用钙基脂，而应选用锂基脂。

（2）电动机轴承腔装脂时，一般只装1/3~1/2即可。装脂过多会增加摩擦阻力，使轴承发热，增大耗电量。

（3）更换润滑脂时，要将轴承洗净擦干。

（4）润滑脂不要露天存放，要防止日晒雨淋，灰沙侵入，优先入库存放，最好放在阴凉干燥地方。

（5）包装容器应清洁，不允许砂粒、灰尘、水等杂质带入脂内，并力图装满，留5%左右的空隙，桶盖要盖好，受污染的润滑脂，应刮出分别存放。

（6）不要用木制或纸制的包装直接盛润滑脂。因木、纸易吸油，会使脂变硬，且易封盖不严，灰沙、水等杂质易进入脂内。

三、液压油

液压油是液压传动系统中不可缺少的工作介质。叉车的工作装置、全液压转向装置和液压制动装置中都使用液压油。

液压油有多种，如普通液压油、抗磨液压油、低温液压油等。

（1）普通液压油按40℃运动黏度分为N32、N46、N68、N32G和N68G五个牌号。其中N32、N46、N68适用于液压油泵的中高压液压系统。

（2）抗磨液压油按40℃运动黏度分为N32、N46和N68三个牌号。主要用于重负荷、高压的叶片泵、柱塞泵和齿轮泵的液压系统。

（3）低温液压油按基础油分为矿油型和合成油型两种，按40℃运动黏度分，矿油型有N15、N22、N32、N46、N68、N100，合成油型有N15、N22、N32、N46共十个牌号。

此外，目前有几个牌号的机械油在国内仍有相当多的设备使用，随着我国液压技术的发展，它将被液压油所代替。

四、制动液

制动液又称刹车油。叉车制动系统中，凡使用液压制动系统均使用制动液，制动液均属汽车制动液。

1. 分类

汽车制动液按原料工艺的不同分为醇型汽车制动液和合成型汽车制动液两类。醇型制动液分为1号和2号两种；合成制动液分为JG0、JG1、JG2、JG3、JG4和JG5六种。醇型制动液主要用于除小轿车外，各种国产液压制动的车辆，如叉车、装载机、一般汽车等。1号制动液用于一般地区；2号制动液用于我国南方炎热地区和车速高、负荷重的车辆；合成型制动液用于高速、大功率、重负荷和制动频繁车辆的液压制动系统。

2. 使用注意事项

(1) 醇型制动液的低温黏度大，不能在严寒地区使用，严寒地区只能用合成型制动液。

(2) 醇型制动液的沸点较低，在高温工作条件下易产生气阻。

(3) 制动液使用前必须检查，如发现白色沉淀、杂质等，应过滤后再用。

(4) 醇型制动液易挥发、易燃，包装要密封，保管和使用要注意烟火；合成型制动液易吸水，注意密封，不要露天存放，防止日晒、雨淋，以免变质。

(5) 灌装制动液的工具、容器，必须专用，不得与其他油品混用。

(6) 不同类型和不同牌号的制动液绝对不能混存混用。

3. 质量要求

(1) 对橡胶皮碗和橡胶密封件的溶胀率小，确保皮碗能正常工作。

(2) 对制动系统各种金属腐蚀的试验合格。

(3) 合成型制动液平衡回流沸点高（大于190℃），蒸发量低。

(4) 合成型制动液有合适的高、低温黏度，以保证必要的润滑性和良好的低温性能。

五、工业凡士林

工业凡士林不含皂分，是由石油脂、地蜡、石蜡等固体烃稠化高黏度润滑油制成，属非皂基脂中固体烃基脂的一种。

工业凡士林有一定的防锈性，不溶于水、不乳化，有一定的润滑性和较好的黏附性。它适用于保管金属物品和工厂生产出来的金属零件及机器的防锈，在叉车上用于蓄电池接柱和金属器材的封存。

使用工业凡士林时应注意两点：一是工业凡士林不能代替电容器凡士林或医药凡士林用；二是容器保持干净，防止水及杂物混入。

六、电动叉车润滑表

对于润滑点处装有注油嘴，润滑表上明确规定其润滑周期大于半年的，每半年至少从油嘴处注油润滑一次。0.5 t 电动叉车润滑见表 8—1。

表 8—1　　　　　0.5 t 电动叉车润滑表

序号	润滑部位	油脂种类	周期	备注
1	前轮轴承	3#钙基脂	三年	启盖涂抹
2	电动机轴承	2#钙基脂	三年	启盖涂抹
3	蓄电池极柱及连接头	锂基防锈脂	半年	涂抹
4	驱动装置齿轮轴承	2#钙基脂	三年	启盖涂抹
5	驱动轮架支撑轴承	2#钙基脂	三年	清洗后涂抹
6	驱动装置缓冲架长短轴处	3#钙基脂	三年	油枪压注
7	转向机构上、下铜套	3#钙基脂	一个月	油枪压注
8	转向机构轴承及齿轮	3#钙基脂	三年	启盖涂抹
9	辅助轮轴承	3#钙基脂	三年	清洗后涂抹
10	货叉架滚轮	3#钙基脂	三年	从门架内抽出涂抹
11	货叉架滑板滑轮轴承	3#钙基脂	三年	清洗后涂抹
12	起升链导轮轴承	3#钙基脂	三年	分解后涂抹
13	门架垫板处	3#钙基脂	一个月	门架起升后涂抹
14	压箱器支撑架滑动面	3#钙基脂	一个月	涂抹
15	挡货架套管处	机油	一个月	油壶滴注
16	起升及转向链条	机油	一个月	油壶滴注

习 题

1. 简述电动叉车日常维护的内容。
2. 简述电动叉车一级技术维护的内容。
3. 简述电动叉车二级技术维护的内容。
4. 简述电动叉车封存维护的基本原则。
5. 在电动叉车上使用的油类有哪些?

单元九 电动叉车故障

模块一 动力型蓄电池的故障

一、动力型蓄电池的维护

动力型蓄电池的维护与启动型蓄电池的维修基本相同,为了使蓄电池经常处于完好状态,延长其使用寿命,在蓄电池使用中应特别注意以下几个方面:

1. 拆装、搬运蓄电池时应注意防振,电池在车上应固定稳妥。

2. 加注电解液应纯净,防止灰尘进入电池内部,经常擦除电池表面的灰尘脏物,保持加液口通气孔畅通。

3. 及时清除导线接头及极柱上的腐蚀物,并紧固接头。

4. 定期检查电解液密度和液面高度。

5. 经常检查蓄电池的放电程度,夏季放电不能超过50%,冬季放电不能超过25%;否则,应及时进行补充充电。

动力型蓄电池的具体维护方法见表9—1。

表9—1 动力型蓄电池定期维护时间表

维护项目	维护内容	工具	每天(8 h)	每周(50 h)	每月(200 h)	3个月(600 h)	6个月(1 200 h)
动力型蓄电池	电解液水平	目测		○	○	○	○
	电解液密度	密度计			○	○	○
	蓄电池电量		○				○
	接线端子是否松动			○			○

续表

维护项目	维护内容	工具	每天(8 h)	每周(50 h)	每月(200 h)	3个月(600 h)	6个月(1 200 h)
动力型蓄电池	连接线是否松动		○	○	○	○	○
	蓄电池表面清洁			○	○	○	○
	通风盖是否拧紧,通风口是否畅通			○	○	○	
	远离烟火		○				○

注:表中"○"表示检查、校正及调整。

二、动力型蓄电池常见故障诊断

动力型蓄电池常见故障诊断见表9—2。

表9—2　动力型蓄电池常见故障诊断

故障现象	故障特征	故障原因	诊断措施
容量降低	达不到额定容量或容量不足	使用后充电不足或补充电不足	均衡充电并改进运行方法
		电解液密度偏低	调整电解液密度
		外接线路不通畅,电阻较大	理顺外接线路,减小电阻
	容量逐渐降低	极板严重硫酸盐化	反复充电,消除极板硫酸盐化
		电解液有杂质	检查电解液,必要时更换
		电池局部短路	维修或更换
	容量突然降低	电池内部或外部短路	检查原因,并排除
电压异常	电池充电时电压偏高,在放电时电压降低很快	极板硫酸盐化	消除极板硫酸盐化
	电池在使用中,开路电压明显降低	反极或短路	检查单体电流电压

续表

故障现象	故障特征	故障原因	诊断措施
冒气异常	电池充电末期不冒气或冒气少	充电电流过小或蓄电池充电不足	调整充电电流,继续充电
	蓄电池充电后不冒气	蓄电池内部短路	检查并排除
	蓄电池在充电中冒气太早,并有大量气泡	极板硫酸盐化	消除极板硫酸盐化
	蓄电池在放置或在放电过程中冒气	充电后立即放电或电解液中有杂质	搁置一小时左右放电或更换电解液
电解液温度高	正常充电时,液温升高异常	充电时电流过大或内部短路	调整充电电流或排除短路
	个别电池温度比较高	极板硫酸盐化	消除极板硫酸盐化
电解液密度和颜色异常	蓄电池在充电中密度上升少或不变	极板硫酸盐化	消除极板硫酸盐化
	蓄电池充放电以后,搁置期间密度下降大	蓄电池自放电严重	更换电解液
	电解液颜色、气味不正常,并有浑浊沉淀	电解液不纯,活性物质脱落	更换电解液并冲洗电池内部

模块二 直流电动机的故障

电动机发生故障后能否及时排除,对电动叉车的安全作业和提高工效都是十分重要的。为了能够达到迅速排除故障的目的,应对电动机下列情况有所掌握。

1. 运行状态。

2. 使用情况，如工作环境、运行方式、载荷性质、电源电压等。
3. 轴承的润滑和运行情况。
4. 机件磨损情况。
5. 通风情况。
6. 定子与转子间的气隙大小。
7. 相互间的接触、清洁卫生及损伤情况。
8. 转子、定子铁心有否变形、松动和损伤等。下面以直流电动机为例，说明电动机常见故障表现形式及检修方法。

直流电动机的故障可分为电气部分故障和机械部分故障两个方面。电气部分的故障大多发生在绕组部分、换向器和电刷部分；机械部分故障主要发生在轴承部分。直流电动机常见故障及诊断方法见表9—3。

表9—3　　　直流电动机常见故障及诊断方法

故障现象	故障诊断
电动机不能转动	（1）电源没有电压或电源没有接通；（2）电刷与换向器间接触不良；（3）电刷和换向器不接触（电刷尺寸过大）；（4）电枢绕组、励磁绕组有短路或接地处；（5）励磁绕组接线错误，磁极极性不正确；（6）轴承太紧，使电枢被卡住或负载过重
电刷产生火花，换向器与电刷磨擦剧烈且严重发热	（1）电刷位置不正；（2）电刷与换向器间接触不良；（3）电刷的牌号和尺寸不合适；（4）电刷弹簧的压力过小或过大；（5）换向器表面粗糙不平，换向器片间的云母突出；（6）电枢绕组有局部短路或有接地故障；（7）换向器片间短路或换向器接地
电刷发出异响	（1）电刷弹簧压力过大；（2）电刷质地过硬；（3）换向器片间云母突出；（4）电刷尺寸不符

续表

故障现象	故障诊断
电动机绕组和铁心温度过高	(1) 电动机过载;(2) 外加电压过高或过低;(3) 电动机绕组有短路或接地处;(4) 通风散热条件不好;(5) 电动机直接起动或反转过于频繁;(6) 定子与转子铁心相摩擦,轴承损坏
电动机内部有火花或冒烟	(1) 电刷下火花过大;(2) 电枢绕组、励磁绕组短路或接地;(3) 换向器凸耳之间及电枢线圈各元件之间充满电刷粉末和油污垢,引起燃烧;④电动机长期过载
铜片全部发黑	电刷压力不对
换向片按一定顺序成组发黑	(1) 换向片片间短路;(2) 电枢线圈短路;(3) 换向片与电枢线圈焊接不良或断路
换向片发黑,但无一定规则	换向器中心线位移或换向器表面不平、不圆

习 题

1. 蓄电池在使用中应注意哪几个方面?
2. 简述动力型蓄电池容量降低的故障特征、原因及诊断方法。
3. 简述电动机不能转动的故障原因。
4. 简述电动机内部有火花或冒烟的故障原因。

参 考 文 献

1. 陈余寿. 电子技术实训指导. 北京：化学工业出版社，2001
2. 牛国新. 电子技术常用数据手册. 北京：科学技术文献出版社，1995
3. 李隆宝等. 实用电子器件和电路简明手册. 北京：电子工业出版社，1991
4. 陈幕忱. 装卸搬运车辆. 北京：人民交通出版社，1999
5. 葛士隽. 内燃叉车驾驶员. 北京：中国铁道出版社，1995
6. 秦同瞬，杨承新. 物流机械技术. 北京：人民交通出版社，2002
7. 何晓莉. 物流设施与设备. 北京：机械工业出版社，2004
8. 汪似虎. 装卸搬运机械电控与拖动. 天津：军事交通学院，1998
9. 魏炳贵. 电力拖动基础. 北京：机械工业出版社，2000
10. 吴铁庄. 电动车辆及其使用与维修. 北京：人民邮电出版社，2002
11. 徐礼炽. 电动起重机司机. 北京：中国铁道出版社，1996